U0212051

卫星与空间通信

余建国　张琦　编著

清华大学出版社

北京

内 容 简 介

本书主要介绍了卫星与空间通信的基本原理、关键技术及当前研究的热点问题,主要内容包括卫星与空间通信的发展现状及趋势,轨道与发射,系统结构,链路设计,多址方式,网络协议,光生太赫兹空间无线通信,分布式天线,超长距离传输,微弱信号接收与放大,高灵敏度的相干检测等关键技术。因教学和科研工作的实际需要,结合作者近 20 年来从事卫星与空间通信的教学及移动通信和光纤通信的产品研发经验,撰写了本书。

本书力求兼顾理论性、实用性、系统性和方向性,以此作为研究生或高年级本科生"卫星与空间通信"课程的教材,也可供从事卫星通信及其他相关领域的工程技术人员参考使用。

版权所有,侵权必究。举报: 010-62782989, beiqinquan@tup.tsinghua.edu.cn。

图书在版编目(CIP)数据

卫星与空间通信/余建国,张琦编著. —北京: 清华大学出版社,2022.2
ISBN 978-7-302-59841-1

Ⅰ. ①卫… Ⅱ. ①余… ②张… Ⅲ. ①卫星通信－研究 Ⅳ. ①TN927

中国版本图书馆 CIP 数据核字(2022)第 006729 号

责任编辑:鲁永芳
封面设计:常雪影
责任校对:赵丽敏
责任印制:曹婉颖

出版发行:清华大学出版社
    网 址: http://www.tup.com.cn, http://www.wqbook.com
    地 址:北京清华大学学研大厦 A 座   **邮 编**:100084
    社 总 机:010-83470000   **邮 购**:010-62786544
    投稿与读者服务:010-62776969, c-service@tup.tsinghua.edu.cn
    质量反馈:010-62772015, zhiliang@tup.tsinghua.edu.cn
印 装 者:三河市君旺印务有限公司
经 销:全国新华书店
开 本:170mm×240mm **印 张**:12.75   **字 数**:254 千字
版 次:2022 年 3 月第 1 版   **印 次**:2022 年 3 月第 1 次印刷
定 价:49.00 元

产品编号:086109-01

前言

PREFACE

  卫星与空间通信自 20 世纪 40 年代提出以来,经过半个多世纪的发展逐渐成为空天地一体化网络,是实现万物互联的桥梁,也将成为互联网、物联网、车联网、舰联网、飞联网的重要组成部分。随着大数据、人工智能、自动驾驶等信息化、智能化新技术应用深度和广度日新月异的变化发展,卫星与空间通信已成为通信技术的重要发展方向。因教学和科研工作的实际需要,作者结合近些年的研究成果,撰写了本书。本书介绍了卫星与空间通信的基本原理,轨道与发射,系统与结构,链路设计,多址方式,网络协议,空间通信系统与网络用超长距离传输的放大器,光生太赫兹通信实现高频宽带、分布式天线、高灵敏度的相干探测等新技术。面向未来着重介绍了太赫兹波在卫星与空间通信中的应用,太赫兹丰富的频谱资源,超宽带的传输能力,高灵敏度的编解码技术,多入多出和多维复用技术可实现太比特每秒的传输。针对卫星与空间通信的高增益、高灵敏度通信需求介绍了基于虚拟多入多出系统(multiple input multiple output,MIMO)的分布式天线,基于小型化阵列或分形天线,极低码率调制,相干检测,可同时为一个或几个探测器提供理想直径的天线技术,可以接收更加微弱的信号,并与太阳系以外的航天器进行高速数据通信,降低航天器上通信系统的质量和能量消耗;介绍了相干光探测和高灵敏度的光接收机在卫星与空间通信中的应用,该技术比通常直接探测接收机的灵敏度提高了 3 个数量级,可达到量子噪声极限;针对卫星与空间通信距离遥远的问题,介绍了高功率线性功率放大器的工作原理,技术难点和自适应预失真算法。

  本书系统和全面地介绍了卫星与空间通信系统的基本原理、关键技术以及当前研究的热点问题,力求兼顾理论性、实用性、系统性和方向性,以此作为研究生或高年级本科生"卫星与空间通信"课程的教材或参考。

  感谢雷佳佳、董均国、常鑫、马洁、俞正、单飞龙等研究生同学及"卫星与空间通信"本科课程学习的历届同学为本书出版做出的努力!由于作者知识水平有限,书中难免有错漏之处,敬请读者不吝斧正。

余建国 张琦

2019 年 9 月

目录
C O N T E N T S

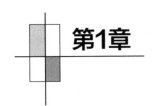

第1章

卫星与空间通信概论

本章主要介绍卫星与空间通信的概念、特点、分类及发展历史,卫星与空间通信的优缺点,重要的国际组织,卫星与空间通信的发展趋势,以及卫星与空间通信在中国的发展情况。

1.1 卫星与空间通信的概念

卫星通信是指地球上包括地面、水面和低层大气中的无线电通信站之间利用人造地球卫星作中继站而进行的通信。

空间通信分为近空通信和深空通信。近空通信是指地球上的实体与地球卫星轨道上的航天器之间的通信。深空通信是指地球上的实体与处于月球及月球以外的宇宙空间中的航天器之间的通信。

卫星与空间通信是人类科技发展到一定阶段的必然产物,科技越发达,人类的活动范围越宽广。目前空间通信技术的前沿已达深空通信领域,人类即将进入万物互联的新时代。在科学技术高度发展的今天,各行各业都将打上时代的烙印。卫星与空间通信将是各国科学技术竞争的焦点。在天空飞行的卫星和宇宙飞船是国家和军事安全的首要保障,是国家的眼睛,也是首先可能被攻击的目标。导弹、飞机、船舶、汽车等运载工具的导航都离不开卫星;气象、农业、畜牧业、水利、海洋捕捞、航海运输等都和卫星与空间通信密切相关。

1.2 卫星与空间通信的特点

卫星与空间通信具有网络节点距离遥远、信号弱、接收灵敏度高、时延长、覆盖范围广、节点移动速度快、非固定通信的环境复杂等特点,它代表了一个国家通信网络技术的最高水平。

　　卫星的发展经历了从小型卫星到大型卫星再到小卫星网络的发展道路。小型卫星具有重量轻、体积小、成本低、研制周期短、轨道低、发射容易、生存能力强、风险小、技术含量也相对较高的特点。

　　同步轨道卫星具有覆盖范围大、通信距离远的特点,三颗卫星可覆盖全球,但在两极地区信号很弱,图 1-1 为三颗同步通信卫星覆盖地球表面的情况。同步轨道卫星还具有频带宽、容量大、机动性好、不受地理条件限制等优点,在通信可靠性方面也有较好的保证,表现为信号质量较好,通信较为稳定。此外,同步轨道卫星还具有费用与距离无关的特性,有多址能力,组网灵活,能够实现区域及全球个人移动通信。

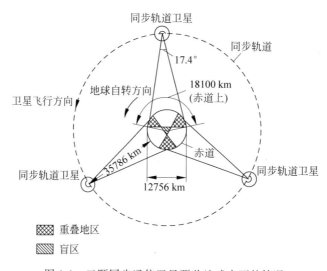

图 1-1　三颗同步通信卫星覆盖地球表面的情况

　　尽管卫星通信技术已较为成熟,但在技术上仍存在一些问题:如何实现更远距离的通信? 如何实现更高速率的通信? 如何实现更多卫星及航天器之间的联网通信及空天地一体化? 人们需要研究先进的空间和电子技术来保障通信质量,降低服务成本,减小卫星信道传输时延带来的影响,增强用户体验,克服无线信道时变特性所带来的突发误码的影响,保证卫星高稳定、高可靠地工作等。

1.3　卫星通信发展简史

　　卫星就其用途来说可以分为通信卫星、空间探测卫星、气象卫星、广播电视卫星、导航卫星、军事卫星和资源卫星等大类,但是它们的通信原理基本相同。本书根据卫星通信教学的需要,主要介绍通信卫星的国内外发展情况。

1.3.1　国外卫星通信发展情况

1945 年,克拉克(Authur C.Clarke)提出 3 颗地球同步轨道卫星可覆盖全球的想法。

1954 年,美国利用月球无源气球和铜针无源偶极子进行语音和电视传输的实验。

1957 年 10 月,苏联发射世界上第一颗低轨人造卫星"斯普特尼克 1 号"(Sputnik-Ⅰ)。

1958 年 12 月,美国发射了世界上第一颗试验通信卫星,第一次通过卫星实现了语音通信,转播了艾森豪威尔总统的圣诞节祝词。

1960 年,美国国防部发射了有源无线电中继卫星"信使"(Coverier),它可以接收和存储 360000 个字符,并可以转发给地球站。

1962 年,美国电话电报公司(AT&T)发射了"电星"(Telsat),它可以进行电话、电视、传真和数据的传输。

1963 年,美国国家航空航天局(NASA)发射了世界上第一颗同步卫星——"Syncom-Ⅰ"试验卫星,是第一颗静止轨道卫星。

1964 年,NASA 发射了"Syncom-Ⅲ"卫星,并成功转播了 1964 年东京奥运会的盛况。

1965 年,美国发射了世界上第一颗商用同步卫星,将第一代国际电信卫星(Intelsat-Ⅰ)"晨鸟"(Early Bird)送入地球同步轨道。它首先在大西洋地区开始进行商用国际通信业务,由美国通信卫星公司(COMSAT)负责管理。两周后,苏联成功发射了第一颗非同步通信卫星"闪电 1 号"(Molniya-Ⅰ),对其北方、西伯利亚地区、中亚地区提供电视、广播、传真和其他一些电话业务。卫星通信由此进入了实用阶段。

1969 年,美国军方发射了第一代战术通信卫星(Tacsat-Ⅰ),可以转发 10000 条语音信道。

1970 年 2 月 11 日,日本在内之浦成功发射其第一颗卫星"大隅号"(Tactical Satellite)。

1977 年 9 月 5 日,美国发射了星际探测飞船"航海家 1 号"(Voyager-Ⅰ)。

进入 21 世纪以来,全球范围卫星及应用已经实现了产业化发展,且呈现持续快速的增长态势。据美国卫星产业协会(SIA)统计数据显示,2018 年,全球航天产业规模为 3600 亿美元,全球年发射卫星总量达到 314 颗。卫星制造业总收入为 195 亿美元,其中,美国卫星制造产业收入 115 亿美元,占比约 59%,其他国家总计 80 亿美元,占比约 41%。

截至 2019 年 1 月 9 日,美国拥有卫星数量为 901 颗,数量遥遥领先;中国拥有卫星 299 颗,位列第二位;俄罗斯和日本卫星数量分别为 153 颗和 87 颗,位列第三位和第四位。

1.3.2　国内卫星通信发展情况

1970 年 4 月 24 日,在酒泉卫星发射中心成功发射了我国第一颗人造地球卫星"东方红一号"(DFH-1)。

1975 年 11 月 26 日,我国第一颗返回式遥感卫星在酒泉卫星发射中心发射成功。我国成为世界上第三个掌握卫星回收技术的国家。

1984 年 4 月 8 日,我国发射了第一颗试验用同步通信卫星"东方红二号"(DFH-2),开始了我国自研卫星进行卫星通信的历史。

1986 年 2 月 1 日,我国发射了第二颗"东方红二号"卫星,开始了我国自己的通信卫星进行卫星通信的历史。

1988 年 3 月 7 日,我国发射了第一颗实用通信广播卫星"东方红二号甲"(DFH-2A),不久又相继成功发射了第二颗和第三颗卫星,它们分别定点于东经87.5°、110.5°、98°。这三颗卫星工作状况良好,在我国电视传输、卫星通信及对外广播中发挥了巨大的作用。

1990 年 2 月 4 日,我国成功发射了"东方红二号甲-3"实用通信卫星。改变了边远地区收视难、通信难的状况,在我国电视传输、卫星通信及对外广播中发挥了巨大作用。

1990 年 4 月 7 日,我国发射"亚洲一号",这是我国第一颗商用通信卫星。

1997 年 5 月 12 日,"长征三号甲"运载火箭发射了首颗"东方红三号"通信卫星,这是我国新一代中容量通信卫星。

1999 年 11 月 20 日,我国成功发射第一艘宇宙飞船——"神舟一号"试验飞船,飞船返回舱于次日在内蒙古自治区中部地区成功着陆。

2000 年,启动"北斗"卫星导航系统,又称"北斗一号"导航系统。

2001 年 1 月 10 日,成功发射"神舟二号"试验飞船,其按照预定计划在太空完成空间科学和技术试验任务后,于 1 月 16 日在内蒙古自治区中部地区成功着陆。

2002 年 3 月 25 日,成功发射"神舟三号"试验飞船,其环绕地球飞行了 108 圈后,于 4 月 1 日准确降落在内蒙古自治区中部地区。

2002 年 12 月 30 日,成功发射"神舟四号"飞船。

2003 年 10 月 15 日,发射第一艘载人飞船"神舟五号",其载有航天员杨利伟。在轨运行 14 圈后成功着陆,我国成为继俄罗斯和美国后世界上第三个掌握载人航天技术的国家。

2005 年 10 月 12—17 日,航天员费俊龙、聂海胜圆满完成"神舟六号"飞行任务,中国载人航天实现了 2 人 5 天、航天员直接参与空间科学实验活动的新跨越。

2007 年,"嫦娥一号"卫星首次绕月探测成功,树立了中国航天的第三个里程碑。

2012 年 11 月,"北斗二号"卫星导航系统建成。

2013 年 12 月 2 日,"嫦娥三号"成功发射,萌萌的"玉兔号"月球车成功登陆月球并实现自动驾驶。

2015 年 3 月 30 日,"北斗三号"试验系统首颗卫星升空。

2020 年完成"北斗"卫星组网建设,提供全球定位服务。

下面具体介绍几个具有代表性的我国卫星发射的发展情况。

1. "东方红一号"

"东方红一号"(国际卫星标识符:1970-034A),是我国于 1970 年 4 月 24 日在酒泉卫星发射中心发射升空的第一颗人造地球卫星,同时也是"东方红"人造卫星系列的首颗卫星。"东方红一号"的成功发射标志着我国成为世界上继苏联、美国、法国和日本之后第五个能够独立发射人造卫星的国家。虽比 1957 年苏联发射第一颗人造卫星"斯普特尼克 1 号"晚了 13 年,但它的技术超过了前四个国家的第一颗卫星,卫星重量更是超过了前四个国家第一颗卫星的总和。图 1-2 为"东方红一号"卫星的实体拍摄图。

图 1-2　"东方红一号"卫星

"东方红一号"卫星的主要任务是进行卫星技术试验、探测电离层和大气层密度。卫星为近似球形的 72 面体,质量为 173 kg,直径约 1 m,采用自旋姿态稳定方式,转速为 120 r/min,外壳表面为按温度控制要求经过处理的铝合金材料,球状的主体上共有 4 条 2 m 多长的鞭状超短波天线,底部有连接运载火箭用的分离环。卫星飞行轨道为近地点 439 km,远地点 2384 km,轨道平面与地球赤道平面倾角为 68.5°的近地椭圆轨道,绕地球运行一圈的周期为 114 min。"东方红一号"卫星除了装有试验仪器外,还可以 20.009 MHz 的频率发射《东方红》乐曲。卫星运行期间,有无线电爱好者录下了"东方红一号"卫星广播的《东方红》乐曲,卫星上的仪器舱装有电源测轨用的雷达应答机、雷达信标机、遥测装置(包括电子音乐发生器和发射机)、科学试验仪器等。卫星进行了系列试验,探测电离层和大气密度。卫星采用银锌蓄电池作电源,电池寿命有限,卫星共运行了 20 天。

2. "东方红二号甲"

1988 年 3 月 7 日,空间技术研究院研制的第一颗实用通信广播卫星"东方红二号甲"(图 1-3)发射成功。

它属于我国的第二代通信卫星,其直径为 2.1 m,总高为 3.75 m,卫星发射质量为 1044 kg。"东方红二号甲"的天线系统由一副双圆盘形全向天线、一副抛物面定向天线等组成。通信天线采用线极化方式,上行水平极化,下行垂直极化。测控全向天线采用圆极化方式。定向天线始终指向地面,保持其波束覆盖中国国土

95％以上的面积。主要用于国内通信广播和电视传输。

3. "东方红三号"

"东方红三号"卫星(图1-4)是我国新一代通信卫星,主要用于电视传输、广播、通信及数据传输等业务。于1997年5月12日成功发射,后交付给中国通信广播卫星公司运营,更名为"中星六号"。

图1-3 "东方红二号甲"卫星

图1-4 "东方红三号"卫星

卫星上有24路C频段转发器,服务范围为我国的大陆、海南岛、台湾岛及近海岛屿。该卫星于1997年5月12日由"长征三号甲"火箭发射升空,5月20日定点成功,定点位置是东经125°的赤道上空,其东西及南北的位置误差均为±0.1°,天线的俯仰及滚动误差均为±0.15°,卫星设计工作寿命为8年。卫星长2.2 m,宽2.2 m,高1.72 m,为双翼六面体,双翼展开后总长度18.096 m,卫星重1202 kg,24个C波段转发器姿态控制,三轴稳定。

4. "北斗"卫星

"北斗"卫星导航系统(BDS)是我国独立自主建设的卫星导航系统,由两个独立的部分组成:一个是2000年开始运作的区域试验系统,另一个是正在建设中的全球导航系统。"北斗"系统建设发展经历了三步,图1-5为第三代"北斗"系统的卫星。

图1-5 第三代"北斗"卫星

第一代"北斗"系统,官方名称为"北斗"卫星导航试验系统,也被称作"北斗一号",由三颗卫星提供区域定位服务。从2000年开始,该系统主要在我国境内提供导航服务。第二代"北斗"系统,官方名称为"北斗"卫星导航系统,也被称为"北斗二号"。"北斗二号"是一个包含 16 颗卫星的全球卫星导航系统,分别为 6 颗静止轨道卫星、6 颗倾斜地球同步轨道卫星、4 颗中地球轨道卫星。截至 2011 年 11 月,"北斗二号"的 10 颗卫星在中国投入服务。2012 年 11 月,"北斗二号"开始在亚太地区为用户提供区域定位服务。"北斗"卫星导航系统、美国全球定位系统(GPS)、俄罗斯全球导航卫星系统(GLONASS)和欧盟伽利略定位系统(Galileo)为联合国卫星导航委员会认定的四大核心全球卫星导航系统。

2015 年,中国开始建设第三代"北斗"系统("北斗三号"),进行全球卫星组网。"北斗"卫星第三代导航系统空间段由 35 颗卫星组成,包括 5 颗静止轨道卫星、27 颗中地球轨道卫星、3 颗倾斜地球同步轨道卫星。第一颗"北斗三号"于 2015 年 3 月 30 日发射升空。截至 2018 年 8 月,已发射了 17 颗"北斗三号"在轨导航卫星,覆盖"一带一路"国家。2020 年完成建设提供全球定位服务。

1.4　通信卫星的分类

按照卫星轨道的倾角、高度、频段等的不同,可以把卫星轨道分为不同的类型。

1.4.1　按卫星轨道平面倾角分类

按照卫星轨道平面与赤道平面夹角的大小不同,通常把卫星轨道分为赤道轨道、倾斜轨道和极轨道,如图 1-6 所示。

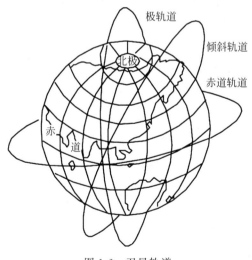

图 1-6　卫星轨道

(1) 赤道轨道:轨道面与赤道面重合,静止卫星的轨道就位于此轨道平面内,称为静止轨道。

（2）倾斜轨道：轨道面与赤道面成一个夹角,倾斜于赤道面。在倾斜轨道上运行的卫星是非静止卫星,我国 20 世纪 70 年代发射的第一颗人造卫星"东方红一号"就是在倾斜轨道上运行的非静止卫星。

（3）极轨道：轨道面穿过地球的南、北两极,即与赤道面垂直。在极轨道上运行的卫星是非静止卫星,这种卫星不能对地球表面上任一点的相对位置保持不变。因此,若想用一颗在极轨道运行的卫星为地球上某一特定的区域提供不间断的通信服务是不可能的,通常需要大量的、运行在极轨道的非静止卫星才能覆盖全球,为全球提供不间断的服务。

1.4.2　按卫星轨道高度分类

根据卫星运行轨道距离地球表面的高度,通常将卫星轨道分为以下 4 类。

（1）低轨道（LEO）：距离地球表面 700～1500 km。具有信号传播衰减小、时延短、可实现全球覆盖的优点。

（2）中轨道（MEO）：距离地球表面 10000 km 左右。兼有低轨和高轨系统的折中性能,信号传播衰减、时延和系统复杂度等均介于低轨和高轨系统之间。

（3）高椭圆轨道（HEO）：距离地球表面最近点 1000～21000 km,最远点 39500～50600 km。卫星位于最常用的赤道平面。

（4）静止轨道（GEO）：距离地球表面 35786 km。

1.4.3　其他分类方式

另外还有其他的分类方式。如按照通信范围,卫星可以分为国际通信卫星、区域性通信卫星、国内通信卫星。按照用途,卫星可以分为综合业务通信卫星、军事通信卫星、海事通信卫星、电视直播卫星、气象卫星等类型。按照转发能力,卫星可以分为无源（无星上处理能力）、有源（有星上处理能力）两种类型。按重量,可以将卫星分为大型卫星（大于 1000 kg,大于 1 亿美元）,小卫星（500～1000 kg,0.5 亿～1 亿美元）,微小卫星（100～500 kg,500 万～2000 万美元）,微卫星（10～100 kg,200 万～300 万美元）和纳卫星（小于 10 kg,小于 100 万美元）。按照频段可以将通信卫星分为 C 频段卫星、Ku 频段卫星、Ka 频段卫星、L 频段卫星和 X 频段卫星等。

在卫星通信中,工作频率的选择是一个十分重要的问题,它将直接影响到整个卫星通信系统的通信容量、质量、可靠性、卫星转发器和地球站的发射功率、天线口径的大小,以及设备的复杂程度和成本的高低等。一般来说,在选择卫星通信的工作频率时,必须根据需要与可能结合的原则,着重考虑下列因素：

（1）工作频段的电磁波应能穿透电离层；

（2）电磁波传播损耗应尽可能小；

（3）电磁波传播中天线系统引入的外部噪声要小；

（4）应具有较宽的可用频带,与地面现有通信系统的兼容性要好,且相互间的干扰要小；

（5）通信设备的质量要轻，功率要小；

（6）要尽可能利用现有的通信技术和设备；

（7）应较为合理地使用无线电频谱，与其他通信、雷达等电子系统或电子设备之间的干扰要小。

鉴于以上各方面，卫星通信的工作频率范围在 300 MHz 至 300 GHz，见表 1-1。微波频段可以根据波长长短分为分米波段（又称为特高频（UHF），频率为 0.3～3 GHz，波长为 10～100 cm）、厘米波段（又称为超高频（SHF），频率为 3～30 GHz，波长为 1～10 cm)和毫米波段（又称为极高频（EHF），频率为 30～300 GHz，波长为 1 mm 至 1 cm）。卫星通信所用的频段大多是 C 波段或 Ku 波段。

表 1-1　微波频段和所对应的频率范围　　　　　单位：GHz

微波频段	频率范围	微波频段	频率范围	微波频段	频率范围
L	1～2	K	18～26	E	60～90
S	2～4	Ka	26～40	W	75～110
C	4～8	Q	33～50	D	110～170
X	8～12	U	40～60	G	140～220
Ku	12～18	V	60～80	Y	220～325

1～2 GHz 为 L 频段，主要应用于移动业务；2～4 GHz 为 S 频段，主要应用于移动业务；4～8 GHz 为 C 频段，主要应用于固定业务；8～12 GHz 为 X 频段，主要应用于固定业务；12～18 GHz 为 Ku 频段，主要应用于固定业务；18～26 GHz 为 K 频段；26～40 GHz 为 Ka 频段，主要应用于宽带传输业务；33～50 GHz 为 Q 频段；50～75 GHz 为 V 频段。

世界无线电大会（World Administration Radio Congress，WARC）对同步卫星、移动卫星、广播卫星及卫星间通信等业务均作了相应规定。考虑的原则有电离层不成为障碍，大气吸收尽量小，大气、宇宙干扰尽可能避免（特别是通信业务之间的干扰），具有较宽的可用频带等。

1.5　卫星通信组织的发展

卫星通信始于 1964 年，当年在美国成立了国际通信卫星组织（INTELSAT）。1965 年，美国发射了第一颗商用通信卫星"晨鸟"（Early Bird）。之后，卫星通信技术及其应用蓬勃发展，取得了巨大的成功。就卫星通信组织来说，可以分为国际通信卫星组织和国际海事卫星组织（INMARSAT）。

1.5.1　国际卫星通信组织

INTELSAT 成立于 1964 年，有成员国 142 个，是世界性的商业卫星通信组织,为世界各国提供长期(租赁卫星或转发器)或短期(频道或节目等)卫星通信服务。从成立至今,不断有卫星发射成功并运行,也不断有卫星发射失败或卫星寿命到期而失效。例如,从 1965 年 4 月至 1984 年 3 月,INTELSAT 发射了五代、6 种不同性能的卫星共计 35 颗,除 6 颗卫星因运载火箭和远地点发动机故障而发射失败,其余 29 颗卫星均被送入预定的静止轨道位置,承担了大部分国际通信业务和全球性电视广播;1969 年到 1973 年,INTELSAT 采用 C 频段建立了 60 多个标准地球站,30 m 天线,基本技术体制频分多路复用/调频/频分多址(FDM/FM/FDMA);1972 年到 1984 年,INTELSAT 在 160 多个国家和地区建立了 500 多个地球站发射大容量卫星增加 Ku 频段和 L 频段,采用数字通信手段;1984 年 8 月前后,INTELSAT 利用部署在大西洋、太平洋、印度洋上空的 15 颗国际通信卫星,为遍布世界各地的 170 多个国家或地区提供电话、电传、电报、电视和数据传输等电信业务,出租卫星通信转发器信道,为部分国家建立国内卫星通信链路,还为世界各国船只提供部分海上移动通信服务。为满足国际通信的需求,INTELSAT 还发射了 3 颗等效通信容量为 1.5 万话路的国际通信卫星"V-A 号"改进型卫星。1998 年成立"新天空"公司,拥有 6 颗卫星,重点在于多媒体卫星业务等。截至目前,通信卫星已发展到第八代,一代比一代体积大、质量重、技术先进、通信能力强、寿命长。

1.5.2　国际海事卫星通信组织

INMARSAT 原为一个政府间的合作组织[1],最早提供的业务仅限于为航行在世界各地的船舶提供全球通信服务。后来,INMARSAT 将通信服务范围扩大到陆地移动的车辆和空中航行的飞机。在 1994 年 12 月的第十次特别大会上,更名为"国际移动卫星组织",但英文编写仍为"INMARSAT",成为唯一能提供全球海上、空中、陆地、救险、定位等全方位卫星移动通信服务的组织。INMARSAT 组织于 1979 年 7 月 16 日成立后,先后租用了美国的"Marisat"卫星、欧洲空间局(ESA)的"Marecs"卫星和 INTELSAT 的"IS-V"卫星来进行以全球海事移动卫星业务为主的运营工作。到 1982 年,INMARSAT 又发射 3 颗海事通信卫星,建立了世界上第一个海事卫星通信系统,其中大部分通信容量供美国海军使用,小部分通信容量向国际商船开放,形成了第一代海事卫星通信系统。第二代卫星是INMARSAT 发射了自己的专用卫星。第三代卫星功能更强,除了具有 1 个全球波束外还具有 5 个点波束,地面终端实现了小型化。

INMARSAT 现拥有美国、英国、日本、挪威等 81 个成员国,我国在 1979 年加入该组织。经过近 20 年的发展,截至 1999 年,全球使用 INMARSAT 卫星的国家超过 160 个,用户已有 16 万多,中国用户有 6000 多。1999 年改制为股份制公司并成功上市,至今运转良好,是全球移动卫星通信业务的主要提供者,在世界移动卫星通信领域占有极其重要的地位。INMARSAT 系统是全球唯一同时承担卫星移动通信和遇险安全通信的卫星通信系统。INMARSAT 系统成立时间早、占有市场份额大、运营良好、终端类型多、业务种类全面。INMARSAT 系统最初由各国政府投资组建,影响广泛。INMARSAT 系统通信体制成熟,卫星先进,地面站遍布全球。各国军方都将 INMARSAT 卫星通信系统作为军用通信系统的重要组成部分。INMARSAT 海事卫星通信系统提供海事、航空、陆地移动卫星通信和信息服务,包括电话、传真、低速数据、高速数据及网络应用互联协议(IP)数据等多种业务类型,其应用遍布海上作业、矿物开采、救灾抢险、野外旅游、军事应用等各个领域。1999 年中国驻南斯拉夫联盟大使馆被炸时,驻南联盟使馆的记者正是通过海事卫星电话把这个消息传到新华社。科索沃战争也采用了 INMARSAT 设备为主要通信设备。伊拉克战争期间,中央电视台赴前线记者发送回国的语音和图像等战地报道也是通过海事卫星通信系统。印度洋海啸后,我国派出的地震救援队带去的通信设备也是海事卫星电话。2008 年,我国南方的抗雪救灾,地面通信出现大面积故障,很多现场指挥就是用海事卫星电话。INMARSAT 通信体制和技术参数通信体制系统采用了 FDMA/TDM/TDMA/SDMA/SCPC 等通信体制。系统采用了二进制相移键控(BPSK)、偏移四相相移键控(O-QPSK)、正交相移键控(Ⅱ/4QPSK)、16 QAM 等调制方式。编码方式系统采用了卷积码、Turbo 码等编码方式。表 1-2 为 INMARSAT 移动终端标准分类,表 1-3 为 INMARSAT 通信卫星分布概况。

表 1-2　INMARSAT 移动终端标准分类

卫星类型	主要业务	备注
A	电话、传真、电传、数据	分陆地、海上两种规格,陆地采用便携折叠式
B	电话、传真、电传、数据	INMARSAT-A 的继续,采用数字技术
M	电话、传真、电中速数据	具有陆地、海上和车载技术与规格
C	600b/s 双向存储转发或电文	具有 GPS 接收系统,可提供定位业务
D	存储转发式电文或数据信息	航空站用于安全通信和飞机中的通信
I	实时数据信息	航空站用于驾驶舱和飞机的飞行安全控制
H		航空站提供信道驾驶舱语音和旅客电话

表 1-3　INMARSAT 通信卫星分布概况

区域	大西洋(西)	大西洋(东)	印度洋	太平洋
工作星	INMARSAT-2F4 55°W	INMARSAT-2F2 15.5°E	INMARSAT-2F1 64.5°E	INMARSAT-2F3 78°E
备用星	INMARSAT CMS-2F4 55°W	INMARSAT MCS-A 60°E	INMARSAT MCS-D 180°E	INMARSAT-F3 182°E

1.6　卫星通信发展趋势

自从 1964 年在美国成立了 INTELSAT[2]，并于次年发射了第一颗商用通信卫星（"晨鸟"）以来，卫星通信技术及其应用蓬勃发展，取得了巨大的成功。如 1997 年世界卫星通信市场总收入 512 亿美元，1998 年 12 月，全球在轨转发器 4241 个，尚在建造的转发器 1918 个，2005 年世界卫星通信市场收入达 4000 亿美元。

2004—2012 年的 8 年间，卫星通信消费市场比重增加最多，年均增长 5.9%；2012 年卫星宽带通信增长最快，为 25%。虽然市场主要在美国，但代表着行业发展的新趋势，其中卫星直播增长最快，广播和电视年均增长分别为 10.3% 和 6.5%。

全球卫星运营业发展很快，但区域差别仍较大，卫星转发器服务也不平衡。例如，2012 年美国平均 30 万人一个转发器，在欧洲是平均万人一个，而在亚洲，是平均 600 万人一个。近几年，排名较后的国家也发展较快，排名有所提前，但前四位的排名变化不大，其营业收入仍占全球的 64%，可用转发器占全球的 60%，商业 C 频段和 Ku 频段转发器容量占全球的 61%。

在目前的通信卫星中，已采用许多先进技术，如氙粒子发动机、高能太阳电池和蓄电池、大天线和多点波束（Thuryu、Ases、Torss、Galileo 等卫星天线）、卫星星上处理器（窄带信道化器、数字波束成形网络和 Butler 矩阵放大器），以及射频功率动态按需分配等技术。这些技术的发展，对通信卫星和卫星通信的发展产生了深刻的影响。目前同步通信卫星正在向大型化和微型化两个方向发展，同时卫星通信向卫星移动通信方向演进，与互联网技术相结合并且向大容量、多波束、智能化的方向发展。低轨卫星群与蜂窝技术相结合，能够实现全球个人通信，甚小口径卫星终端站（Very Small Aperture Termiral，VSAT）被广泛应用，电视直播和数字声广播步入家庭和个人用户等。微小卫星具有较高的功能密度，发射方式灵活，研制成本低，应用灵活性强等特点。

1. 大型同步通信卫星

现在大型同步通信卫星的主要研究方向是增加容量，增大辐射功率，多波束。目前 INTELSAT 已发展到第九代卫星，INMARSAT 已发展到第三代卫星。均采用大功率放大器提高发射功率，具体包括固态功率放大器（SSPA），具有 10 W、16 W、20 W、30 W 等功率；行波管功率放大器（TWTA），具有 35 W、50 W、72 W、85 W、135 W 等功率。在覆盖范围方面具有全球、半球、区域、点波束、智能化等方向，能够提高星上处理能力，延长寿命，改进电池性能等。由于采用了离子推进技术，所以大型同步通信卫星能够向更高频段发展，微波交换 SS/TDMA 宽带处理及交换，具有调制、解调、再生、复接/分接、波束可调、赋形可变的作用，采用实时软件控制，具有 VSAT 主站的功能。

采用同步卫星实现移动通信。海事卫星可实现全球覆盖,多波束大型同步卫星可实现区域覆盖,可用于手机通信。例如亚太移动卫星(APMT)已在 1999 年发射,有 16000 条话路,兼容全球移动通信系统(GSM)和亚洲蜂窝内卫星系统(ACeS),2000 年投入运用。

用小卫星实现移动通信,例如"铱星"系统是世界上第一个全球覆盖的手机卫星通信系统,已有 72 颗卫星入轨,设计寿命为 8 年,每年需要发射 6 颗替补卫星。全球星系统共有 48 颗卫星,于 1999 年 6 月建成中圆轨道系统(ICO),共 12 颗中高轨道卫星。该系统于 1999 年初首发,在 2000 年投入使用。在 Ellipso 系统中,共有 17 颗卫星,其中 10 颗在两个椭圆轨道上,7 颗在赤道轨道上。该系统于 2001 年为赤道地区提供移动业务,2002 年起提供全球通信服务。

2. 小型卫星通信地面站

甚小口径卫星终端站是卫星通信地面段技术的一项重大成就。VSAT 是高技术的综合产物,采用通信专用超大规模集成电路、微波技术、固态功放、低噪声接收、调制解调、纠错编码、多址方式、分组交换、语音压缩编码、数字信号处理等技术,具有低旁瓣、小口径天线、网络管理软件化等特点。目前 VSAT 正由北美走向全球,发展极为迅速。目前多址方式主要有 TDMA/SCPC/FDMA/CDMA/TDM/TDMA 等主流体制。兼容 VSAT 符合发展中国家的需求。

3. 直播电视(DVB)

1993 年 12 月,休斯公司(Hughes)成立美国直播电视集团,用户数超过 350 万。1998 年初美国主要的公司有 DirecTV(用户数 360 万)、Echostar(用户数 100 万)和 Primestar(用户数 200 万),它们共拥有 8 颗卫星。这些系统都能向家庭直播几十至 150 多个频道电视,接收天线口径为 0.45~0.8 m。DirecTV 从 1994 年开播以来年利润超过 10 亿美元,其中接收机售价已低至 199 美元,其销量远大于录像机、CD 唱机、大屏幕电视、激光视盘(VCD)等。

4. 数字声广播(DAB)

世界无线电管理委员会在 1992 年(WARC92)为 DAB(卫星和地面通信)划分了频段(1452~1492 MHz,2310~2360 MHz,2535~2635 MHz)。DAB 要求能为车载、便携和固定接收机提供高质量双声道或多声道立体声节目,具有 CD 质量高、能抗多径和阴影等特点,能用通用接收机接收,为国际电信联盟(ITU)无线电通信部门(ITU-R789)建议推荐的数字声广播系统。掩码模式通用子带一体化编码与复用(MUSICAM)音频编码,采用子带压缩编码和采用正交频分复用编码作为编码方式。

5. 微小卫星

质量在 1000 kg 以下的人造卫星统称为"微小卫星",具有研制经费少,研制周期短的特点,可以进一步组网,以分布式的星座形成"虚拟大卫星"。与以往的大卫星相比,微小卫星具有卫星质量轻、体积小、生产成本低的特点,可以用小型火箭发射,也可以用大型火箭的辅助载荷发射。性价比较高,对于普通卫星来说,成本需要 5 亿～10 亿元人民币,可以用 5～10 年,对于小卫星来说,成本 1 亿～5 亿元人民币,可以使用 3～5 年,而对于微小卫星来说,成本只需要几千万元人民币,却可以使用 2～3 年。它可以提供专用系统,能够在星座之间相互组网,可以提供大卫星无法完成的特殊功能,使用高新技术,具有功能密度高的特点。

1.7　卫星通信在中国的特殊地位

中国地域辽阔,东西和南北跨度均超过 5000 km,地形复杂,山区占 31%,高原占 26%,丘陵占 10%,平原仅占 31%。人口众多,拥有 14 亿人口,其中 5 亿人口在农村。自然灾害比较频发,全国有 74% 的省会城市以及 62% 的地级以上城市位于地震烈度 7 级以上危险地区。70% 以上的大城市、半数以上的人口、75% 以上的工农业产值,分布在洪水、地震等灾害频发地区。自然灾害已成为制约我国经济和社会发展的重要因素之一。卫星通信在救灾应急事件的第一时间,有不可替代的重要作用。

1. 波束覆盖我国的区域卫星

波束覆盖我国的区域卫星,包括下列卫星:“亚洲一号”,寿命为 12 年;“亚洲二号”,寿命为 15 年;“亚太一号”,寿命为 10 年;“亚太-IIR”,寿命为 15 年;“东方红三号”(“中星六号”)寿命为 15 年;“中卫一号”,寿命为 15 年;“鑫诺一号”,寿命为 15 年;“中星八号”,寿命大于 15 年;“泛美 PAS-A”等。

2. 我国广播电视卫星应用情况

目前我国在 6 颗卫星上拥有 20 多个转发器,能够传送中央电视台(现为中央广播电视总台)和地方台 30 多套电视节目,中央人民广播电台 32 路对外、对内广播节目(40 多种语言)及地方广播电台 20 多套广播节目。其中中央电视台一、二、七套节目为模拟信号,用“亚太 1A”卫星;中央电视台二、三、五、六、七、八套节目为数字压缩信号,用“亚星 2 号”卫星,使用 C 和 Ku 频段转发器;中央电视台四套节目用“亚星 1 号”,使用一个 C 频段转发器;“银河 3R”“热鸟 3 号”使用国家电视标准委员会(NTSC)、逐行倒相(PAL)向亚太大部分地区覆盖。中央电视台三、四、九套节目使用“泛美”2、3、4、5 号卫星,用数字压缩动态图像(MPEG)向全球传送。中央人民广播电台第一、第二套节目随同中央电视台第一套电视节目向全国传送。山东、四川、浙江、云南、贵州五省(区)电视台使用“亚太 1A”卫星,采用模拟信号。广东、广西、湖南、湖北、江西、河南、福建、青海、辽宁、内蒙古、陕西等十八省(区)电视台使用“亚太 2 号”卫星数字压缩信号。

3. 广播电视村村通

为解决广大人民群众听广播难、看电视难的问题,1998 年党中央、国务院决定启动卫星广播电视村村通工程,第一轮工程至 2005 年结束。根据第一轮实施效果,2006 年党中央、国务院决定继续实施广播电视村村通工程,按照"巩固成果、扩大范围、提高质量、改善服务"的要求,构建农村广播电视公共服务体系。到 2010 年年底已全面实现了 20 户以上已通电的自然村全部通广播、电视。现已发送中央电视台 8 套节目和中央人民广播电台、中央国际广播电台 8 套广播。建立起传送 44 套电视节目和 44 套广播节目的卫星传送平台。使用"鑫诺"卫星 Ku 转发器,每个转发器 54 MHz,1 个转发器传送 12 套节目。第四个转发器的 1/3 频率资源用于 IP 广播和互联网接入等业务。

4. 中国重要的卫星公司

目前我国主要有下面几个重要的卫星公司:中国通信广播卫星公司、中国东方通信卫星有限责任公司和鑫诺卫星通信有限公司。中国通信广播卫星公司成立于 1985 年,隶属原国家信息产业部,拥有"中星"五、六、八号卫星。中国东方通信卫星有限责任公司成立于 1995 年,是以原国家邮电部为主同时吸收国内主要用户共同投资组建的,拥有"中卫一号"卫星。鑫诺卫星通信有限公司是由原中国航天工业总公司、原国防科学技术工业委员会、中国人民银行和上海市创办的国有股份制公司,拥有"鑫诺一号"卫星。

5. 中国重要的几颗卫星

(1)"中星八号"

"中星八号"卫星是新一代大容量同步轨道通信卫星,由美国劳拉空间系统公司设计生产,由"长征三号乙"火箭发射升空,轨道位置为东经 115.5°。该卫星使用 FS-1300 平台,总功率为 10000 W,星上共有 52 个转发器,其中 C 频段 36 个,占用 800 MHz 带宽;Ku 频段 16 个,占用 750 MHz 带宽。设计寿命大于 15 年,星上采用 3C-Ku 互联技术(两对 72 MHz 转发器)。在 C 频段大于 40 dBW,在 Ku 频段最高位 54 dBW。

(2)"中卫一号"

"中卫一号"通信卫星由中国东方通信卫星有限责任公司拥有,使用美国洛克希德·马丁公司的 A2100A 平台,总功率为 8394 W,星上共有 38 个转发器,其中 C 频段 18 个,占用 864 MHz 带宽;Ku 频段 20 个,占用 864 MHz 带宽。设计寿命为 15 年。在等效全向辐射功率(EIRP)方面,C 频段大于 39 dBW;Ku 频段最高为 54 dBW。

(3)"鑫诺一号"

"鑫诺一号"通信卫星由法国宇航公司制造,20 世纪 90 年代进口中国的一颗大容量通信卫星,服务于鑫诺卫星通信有限公司。该卫星使用法国宇航公司 SAPACEBUS 3000 平台,总功率为 5130 W。星上共有 38 个转发器,其中有 24 个 C 频段转发器(其中 23 个带宽为 36 MHz,1 个带宽为 54 MHz)和 14 个 Ku 频段转发器,带宽为 54 MHz。设计寿命大于 15 年。在 EIRP 方面,C 频段大于 36 dBW,

Ku 频段最高为 52 dBW。

参考文献

［1］ KOROLKOVA N，LEUCHS G，LOUDON R，et al. Polarization squeezing and continuous-variable polarization entanglement［J］. Physical Review A，2019，65(5)：052306.

［2］ LUGLIO M，ROMANO S P，ROSETI C，et al. Service delivery models forconverged satellite-terrestrial SG network deployment：a satellite-assisted CDN use-case［J］. IEEE Network，2019，33(1)：142-150.

［3］ TOH B Y，CAHILL R，FUSCO V F. Understanding and measuring circular polarization ［J］. Education，IEEE Transactions on，2018，46(3)：313-318.

［4］ LIANGLIANG W，XIANG C，HONGZHOU T. Research and implementation of rateless spinal codes based massive MIMO system ［J］. Wireless Communications & Mobile Computing，2018，2018：1-9.

［5］ ARAPOGLOU P D，GINESI A，CIONI S，et al. DVB-S2X enabled precoding for high throughput satellite systems［J］. International Journal of Satellite Communications and Networking，2016，34(3)：439-455.

［6］ MACEDO D F，GUEDES D，VIEIRA L F M，et al. Programmable networks—from software-defined radio to software-defined networking［J］. Communications Surveys & Tutorials，IEEE，2015，17(2)：1102-1125

［7］ MEHRAN F，NIKITOPOULOS K，XIAO P，et al. Rateless wireless systems：gains，approaches，and challenges［C］//2015 IEEE China Summit and International Conference on Signal and Information Processing (ChinaSIP). IEEE，2015：751-755.

［8］ DU J，JIANG C，GUO Q，et al. Cooperative earth observation through complex space information networks［J］. IEEE Wireless Communications，2016，23(2)：136-144.

［9］ GISIN N，RIHORDY G，TITTLE W，et al. Quantum cryptography［J］. Reviews of Modern Physics，2002，74：145-195.

［10］ RICHARDSON T J，URBANKE R L. The capacity of lowdensityparity-check codes under message-passing decoding［J］. IEEE Transactions on Information Theory，2001，47(2)：599-618.

［11］ BENNETT C H，BRASSARD C Z，EKERT A K. Quantum cryptography［J］. Scientific American，1992，10：26-33

［12］ OKUTO Y，CROWELL C R. Energy-conservation considerations in the characterization of impactionization in semiconductors［J］. Physical Review B，1972，6(8)：3076.

［13］ MCINTYRE R J. The distribution of gains in uniformly multiplying avalanche photodiodes：theory［J］. IEEE Trans. on Electron Dev. ，1972，19：703-713.

［14］ MCINTYRE R J. Multiplication noise in uniform avalanche diodes［J］. IEEE Trans. on Electron. Dev. ，1966，13：164-168.

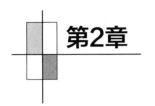

第2章

卫星的轨道与发射

2.1 引言

　　围绕地球旋转的卫星(航天器)遵循着与行星绕太阳运动相同的定律,在很早以前,通过对自然现象的观察,人类已经掌握了很多有关行星运动的知识。根据这些观察,约翰内斯·开普勒(1571—1630年)推导了描述行星运动规律的三大定律。1665年,伊萨克·牛顿爵士(1642—1727年)根据他发现的机械定律推导出了开普勒定律,并且发展为引力场理论。

2.2 轨道及运动

2.2.1 卫星轨道及同步卫星的优缺点

　　卫星的轨道类型由其完成任务的需要而定,反之,卫星轨道的特性也决定了其任务特性。同步轨道上的卫星与陆地移动通信的基站类似,非同步轨道的卫星相当于使陆地移动通信的终端固定而基站运动。卫星设计的轨道不同,运动状态就不同,所需的卫星发射和动力系统也不同,由此决定了组网形式和业务类型。

1. 按形状分类

　　按卫星轨道形状可以分为圆形轨道和椭圆轨道。圆形轨道上的卫星围绕地球等速运动,是通信卫星最常用的轨道;椭圆轨道在近地点附近的运行速度快,在远地点区域运行速度慢,可以利用在远地点速度慢这一特点,来满足特定区域的通信,特别是通过调整轨道参数,使其满足高纬度区域的通信。

2. 按轨道高度分类

　　按卫星轨道高度可分为低轨(LEO)、中轨(MEO)和高轨(HEO)。

低轨道系统的卫星轨道高度在 $700\sim2000$ km,卫星对地球的覆盖范围小,一般用于特种卫星,或由多颗卫星组成星座,卫星之间由星间链路连接,可以实现全球的无缝覆盖通信。低轨星座系统具有信号传播衰减小、时延短、可实现全球覆盖的特点,但实现的技术复杂度高。此外,随着轨道的降低,大气阻力就成了影响卫星轨道参数的重要因素。一般来讲,卫星轨道高度低于 700 km 时,大气阻力对轨道参数的影响就比较严重,修正轨道参数会影响到卫星的寿命。轨道高度高于 1000 km 时,大气阻力的影响就可以忽略。

高轨卫星通信系统一般选用高度为 35786 km 的同步卫星轨道(GSO),卫星位于赤道平面,是最常用的轨道。高轨卫星的单颗卫星覆盖范围大。传播信道稳定,理论上三颗高轨卫星便可覆盖除两极之外的所有地区。但高轨卫星系统的信道传播信号衰减大、时延长,并且只有一个轨道平面,容纳的卫星数量有限。目前运营的 Intelsat、Inmarsat、Thuraya 等很多系统都是高轨卫星系统。大椭圆轨道可以为高纬度地区提供高仰角的通信,对地理上处于高纬度的地区也是一种选择。

中轨卫星的卫星轨道高度为 $8000\sim20000$ km,具有低轨和高轨系统的折中性能,中轨卫星组成的星座也能实现全球覆盖,信号传播衰减、时延和系统复杂度等介于低轨和高轨系统之间。ICO 就是一个由 12 颗卫星组成的中轨卫星系统。

3. 按轨道倾角分类

按卫星轨道倾角来分可分为赤道轨道、极轨道和倾斜轨道。赤道轨道的倾角为 0°,当轨道高度为 35786 km 时,卫星运动速度与地球自转速度相同,从地球上看去,卫星处于"静止"状态,这也是通常所讲的静止轨道。当卫星轨道的倾角不是 0°或 90°时,称为倾斜轨道。顺行轨道,轨道倾角在 $0°\sim90°$;逆行轨道,轨道倾角在 $90°\sim180°$。不过一般而言,通信卫星都是采用顺行轨道。卫星轨道倾角的选择是由用户所在地球位置和面积及用途决定。高纬度地区适合用极轨卫星,中纬度地区适合用斜轨道卫星,低纬度地区适合用同步轨道卫星。发射卫星的目的是用于国内还是国外,区域还是全球,民用还是军用等,用途不同决定了卫星的运动轨道、发射高度、卫星质量、卫星寿命、动力系统、控制系统、供电系统等各不相同。

4. 同步轨道

卫星轨道周期与地球自转周期相同就称为同步轨道,轨道的偏心率 $e=0$ 时为圆轨道,因此卫星在轨道上以恒定的角速度运动。

星下点轨迹就简化为一个点,卫星永久保持在该位置,从地球上看去,卫星好像固定在天空,这时的轨道叫作对地静止轨道。

对地静止轨道具有非常多的优良性能,是卫星通信最常用的轨道类型之一。主要优点如下。

(1) 从地球站看上去,卫星是静止不动的,因此地球站只需要一副天线和相对简单的跟踪系统,对于小型固定地球站甚至不需要自动跟踪系统,因此降低了地球站的制造成本。

（2）单颗卫星的覆盖范围大。除去76°N以北和76°S以南的两极地区,理论上采用彼此间隔120°的三颗静止卫星就可以覆盖整个地球表面。因此,目前多数的商用系统采用地球静止轨道卫星。

（3）卫星到地球站的距离基本固定,因此信号传播时延和多普勒频移的变化小,便于系统设计并简化技术复杂度。

（4）由于具有广域覆盖特性,非常便于卫星电视广播。

静止卫星的轨道面与赤道平面重合,同时静止卫星的高度和速度都是固定的,因此一般只用星下点在赤道上的经度来描述卫星位置即可。由于静止轨道只有一条,是稀缺资源,要想使用必须按照ITU-R的有关规则和程序进行申请和协调。

2.2.2　卫星运动三定律

开普勒定律是开普勒发现的关于行星运动的定律。他于1609年在他出版的《新天文学》上发表了关于行星运动的两条定律,又于1618年发现了第三条定律。开普勒很幸运地得到著名丹麦天文学家第谷·布拉赫20多年观察与收集的非常精确的天文资料。大约于1605年,根据第谷的行星位置资料,沿用哥白尼的匀速圆周运动理论,通过4年的计算,开普勒发现第谷观测到的数据与计算有8′的误差,开普勒坚信第谷的数据是正确的,从而他对"完美"的"神运动"(匀速圆周运动)发起质疑,经过大量计算,开普勒得出了第一定律和第二定律,又经过10年的大量计算,得出了第三定律。

1. 开普勒第一定律

开普勒第一定律指出:行星在一个围绕太阳的平面上运动,轨迹是其中一个焦点的椭圆。开普勒第一定律表明,小物体(卫星)绕大物体(地球)运行的轨迹是一个椭圆,地球的质心是卫星运动椭圆轨道的一个焦点,如图2-1所示。

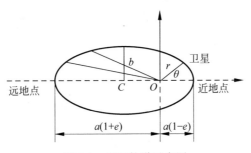

图2-1　卫星轨道示意图

图2-1中,r为向量长度,$r = \dfrac{P}{1 + e\cos\theta}$;$\theta$为中心角;$P$为二次曲线参数。

由于地球和卫星的质量悬殊,图2-1中地球的质心(或地心)O为椭圆轨道的一个焦点,C为椭圆轨道的中心,r为卫星到地心的距离,a为椭圆轨道半长轴,b

为短半轴,e 为偏心率。偏心率是一个非常重要的参数,它决定了轨道的形状,并且,由

$$e = \frac{\sqrt{a^2 - b^2}}{a} \qquad (2-1)$$

$e=0$,圆轨道,$P=r$;

$e<1$,椭圆轨道,$P=a(1-e^2)$,$a=\dfrac{P}{1-e^2}$,$b=a(1-e^2)^{\frac{1}{2}}$;

$e=1$,抛物线轨道,$P=r(1+\cos\theta)$,太阳系人造卫星;

$e \neq 1$,双曲线轨道,$P=a(1-e^2)$,银河系人造卫星。

由此可见,只有 $e<1$ 时才是一个围绕地球的闭环运动,才能成为有用的通信卫星。如果 $e \geqslant 1$ 会导致卫星从地球引力中脱离,比如,到月球和火星的探测器,其运行轨道的偏心率 $e \geqslant 1$。

2. 开普勒第二定律

开普勒第二定律指出:从太阳到行星的矢量在相同时间内扫过相同的面积,该定律也称为面积定律。

开普勒第二定律表明,卫星在椭圆轨道上的运动是非匀速的,靠近近地点的速度快,如图 2-2 所示。这就表明,卫星在离地球较远时的速度慢,可以利用这一特性,提高地球上某一区域对卫星的能见度。

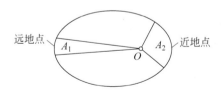

图 2-2   卫星单位时间内扫过的面积 A_1 和 A_2 相同

根据运动方程和机械能守恒原理,可以推导出卫星在椭圆轨道上与地心距离为 r 处的瞬时运行速度为

$$v = \sqrt{\mu \left(\frac{2}{r} - \frac{1}{a} \right)} \quad (\mathrm{km/s}) \qquad (2-2)$$

根据式(2-2)可以算出卫星在近地点、远地点的瞬时速度。

在近地点,$r_p = a(1-e)$,有

$$v_p = \sqrt{\frac{\mu}{a} \left(\frac{1+e}{1-e} \right)} \quad (\mathrm{km/s}) \qquad (2-3)$$

在远地点,$r_a = a(1+e)$,有

$$v_a = \sqrt{\frac{\mu}{a} \left(\frac{1-e}{1+e} \right)} \quad (\mathrm{km/s}) \qquad (2-4)$$

圆轨道是 $e=0$ 的特殊情况,这时 $r=a$,理论上卫星具有恒定的速度,从

式(2-2)得

$$v = \sqrt{(\mu / r)} \quad (\mathrm{km/s}) \tag{2-5}$$

3. 开普勒第三定律

开普勒第三定律指出：对于所有的行星，围绕太阳运行周期 T 的平方与椭圆长半轴 a 的立方的比值相同。即卫星轨道运动周期的平方与卫星轨道半长轴的三次方成正比，即

$$T^2 \propto a^3 \tag{2-6}$$

圆轨道时万有引力为

$$F = G \frac{mM}{r^2} = \frac{mV^2}{r} = m \frac{4\pi^2 r}{T^2} \tag{2-7}$$

$$T^2 = \frac{4\pi^2 r^3}{GM} \quad T = 2\pi \sqrt{\frac{r^3}{\mu}} \quad \mu = GM = 398613.52 \ \mathrm{s}^2 \tag{2-8}$$

椭圆轨道时为

$$T^2 = \frac{4\pi^2 a^3}{GM} \quad T = 2\pi \sqrt{\frac{a^3}{\mu}} \tag{2-9}$$

综上所述：不管轨道形状如何，只要长半轴相同，其就有相同的运行周期；卫星轨道的形状和大小由它的长半轴和短半轴数值决定；长半轴和短半轴的数值越大，轨道越高；长半轴和短半轴的数值相差越多，轨道的椭圆形状越扁，长半轴和短半轴相等时则为圆形轨道。

2.2.3　卫星的圆轨道运动

同步卫星圆轨道运动方程：

$$x^2 + y^2 = r^2 \tag{2-10}$$

卫星质点 (x, y)

$$r = R + h \tag{2-11}$$

式中：R 为地球半径；h 为卫星离地面高度。

卫星重力为

$$F = \frac{mv^2}{r} = mg = mg_0 \frac{R^2}{r^2} \tag{2-12}$$

式中：m 为卫星质量；v 为卫星圆周运动速度；g 为卫星所受地球重力加速度；g_0 为地球表面物体所受重力加速度（$9.8 \ \mathrm{m/s}^2$）。

卫星运行周期 $T = 23 \ \mathrm{h} \ 56 \ \mathrm{min} \ 4.091 \ \mathrm{s}$。

$$F = G \frac{mM}{r^2} = \frac{mv^2}{r} = m \frac{4\pi^2 r}{T^2}, \quad \text{圆周半径 } r = R + h \tag{2-13}$$

式中：R 为地球半径，$R = 6378 \ \mathrm{km}$；h 是同步轨道的高度，$h = 35786 \ \mathrm{km}$。

$$T = 2\pi \sqrt{\frac{r^3}{\mu}}, \quad \mu = GM = 398613.52 \tag{2-14}$$

2.3 同步卫星与地面站间的几何关系

图 2-3 为全球波束覆盖区的几何关系,卫星到覆盖区边缘的距离

$$d = (R_E + h_E) \sqrt{1 - \left(\frac{R_E}{R_E + h_E}\right)^2}$$

式中：d 为卫星到覆盖区边缘的距离；R_E 为地球半径；h_E 为卫星到星下点之间的距离。

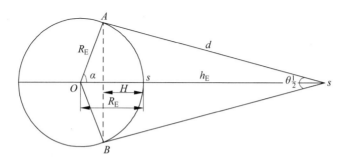

图 2-3　全球波束覆盖区的几何关系

覆盖区的绝对面积 S 与相对面积 S/S_0 为

$$S = 2\pi R_E H = 2\pi R_E (R_E - R_E \cos\alpha) = 2\pi R_E^2 \left(1 - \frac{R_E}{R_E + h_E}\right)$$

$$S/S_0 = \frac{1}{2}\left(1 - \frac{R_E}{R_E + h_E}\right)$$

式中：S 为覆盖区的绝对面积；S_0 为地球的面积。

卫星的全球波束宽度

$$\theta_{1/2} = 2\arcsin \frac{R_E}{R_E + h_E}$$

对静止卫星有以下参数：

$$\theta_{1/2} = 17.4°, \quad \alpha = 81.3°, \quad S/S_0 = 42.4\%$$

覆盖区边缘所对的最大地心角

$$\angle AOB = 2\alpha = 2\arccos \frac{R_E}{R_E + h_E} \tag{2-15}$$

式中：$\theta_{1/2}$ 是卫星覆盖地球的边缘连线与卫星到星下点之间连线间的夹角；α 为地球中心到卫星与卫星覆盖地球边缘交点间的夹角。

2.4 卫星的发射

2.4.1 人造卫星发射速度

人造地球卫星之所以能按照预定的轨道,周而复始地环绕地球运行,既不飞出去,也不掉下来,主要是因为卫星的发射满足了速度和高度这两个必要的条件。1687年,牛顿从理论上已阐明,要使地球上空的某一物体变成"永远不落到地面"的人造卫星,关键是要给它足够的速度,使物体入轨后产生的离心加速度(惯性)所形成的惯性力能抵消地球对它的引力。

牛顿指出:假如在山顶上平放一门大炮,以一定速度发射出一发炮弹,炮弹将沿着一条曲线(弹道),飞出一段距离(射程),然后落回地面。若不考虑空气阻力,当发射速度不断增加,射程也必然相应增加,而且弹道曲线的弯曲度将越来越小。这样,只要速度增加到某一数值,弹道的弯曲度将和地球表面的弯曲度相同。这时,虽然发射出去的炮弹在地球引力作用下不断降落,但因地球表面也在不断向里弯曲,不论炮弹飞出多远,它距离地面的高度将永远不变。换句话说,这颗炮弹已成为一颗以圆形轨道不停地环绕地球运行的人造卫星。通常将炮弹所需的这种速度称为"第一宇宙速度",又称"环绕速度",数值为 7.9 km/s。

显然,如果发射速度比 7.9 km/s 还要大,卫星的轨道将变得比地球表面的弯曲度还要平直,成为环绕地球运行的椭圆形,而且发射速度越大,椭圆形轨道将显得越扁长。一旦发射速度达到 11.2 km/s,卫星就不再环绕地球运行,它将挣脱地球引力,而变成一个绕太阳运转的人造行星了。人们通常把这一速度称为"第二宇宙速度",又称为"脱离速度"。依此类推,当发射速度继续增加到 16.7 km/s("第三宇宙速度")时,物体将摆脱太阳系对它的引力,而进入茫茫宇宙,一去不复返了。图 2-4 为三大宇宙速度与卫星的关系图。

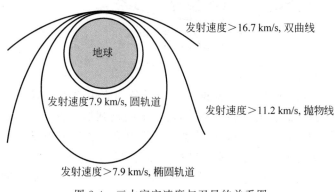

图 2-4 三大宇宙速度与卫星的关系图

以上算出的第一、第二、第三宇宙速度,是按照物体在地球表面发射,且不考虑空气阻力进行计算的。事实上,高度和空气阻力对物体的运行影响很大。根据牛顿万有引力定律,物体离地球表面越高,地球对其引力越小,物体所需的第一、第二宇宙速度也必然减小。据计算,在离地面 36000 km 的高空,物体的环绕速度为 3 km/s,而离地面 38 万千米高的月球,它的环绕速度只有 1 km/s。但需要说明的是,虽然轨道越高,物体所需环绕速度越小,但要把物体从地面送到较高的轨道,运载火箭克服地球引力和空气阻力耗功更多,要求运载火箭的推力也必须相应增大。地球的大气层厚度虽有 2000~3000 km,但大气质量的 99% 都集中在海平面以上的 30 km 内,为了保持卫星在空中的正常运行不至于因空气阻力的影响而很快陨落,通常人造卫星都被发射至 120 km 以上的高空。

2.4.2   同步卫星发射轨道

卫星绕地球一圈的时间叫作运行周期,卫星轨道形成的平面叫作轨道平面,轨道平面与地球赤道平面形成的夹角叫作轨道倾角。倾角小于 90° 为顺行轨道;大于 90° 为逆行轨道;等于 90° 为极地轨道;倾角为 0°,即轨道平面与赤道平面重合,为赤道轨道。若卫星的运行周期和地球的自转周期相同,称这种卫星轨道为地球同步轨道;如地球同步轨道的倾角为 0°,即卫星正好在赤道上空,它将以与地球自转相同的角速度绕地球运行。从地面上看去,就像是静止不动。这种特殊的卫星轨道称为对地静止轨道。处于这条轨道上的卫星就是通常所说的对地静止轨道卫星。图 2-5 就是卫星发射轨道。

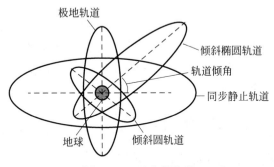

图 2-5   卫星发射轨道

卫星轨道的具体选择,则要根据卫星的任务和应用要求来确定。如对地面测绘的地球资源卫星、照相的侦察卫星等,通常采用近圆形的低轨道运行方式;通信卫星则常常采用对地静止的地球同步轨道;若为了节省发射卫星时运载火箭的能量消耗,常采用顺行轨道;为了使卫星对地球能进行全面观察,则需要采用极地轨道;而为了让卫星能始终在同一时刻飞过地球的某地上空,或使卫星永远处于或永远不处于地球的阴影区,又往往需要采用太阳同步轨道;军用卫星,出于军事的特殊需要,则常常采用地球同步轨道和太阳同步轨道等。

2.4.3　运载工具

几千年来,人类为了打开太空神秘大门所经历的漫长历史,从一定意义上讲,是人类与地球引力、大气阻力作坚持不懈斗争的艰辛历史。直到 20 世纪 50 年代,人类经过长期的知识积累和大量的科学实验,研制出能闯过地球引力关卡的火箭,卫星遨游太空才成为现实。时至今日,多级火箭依然是世界各国发射卫星的主要运载工具。以三级火箭为例,其发射过程大致如下文所述(图 2-6)。

图 2-6　运载火箭的发射

装载卫星的运载火箭在发射台通过各项检测后,由发射指挥控制中心下达点火命令,第一级发动机开始工作,推动火箭徐徐升空,当火箭垂直上升穿过稠密大气层后,按程序指令,使第一级发动机熄火并自动脱落。与此同时,第二级发动机开始工作,推动二、三级火箭加速飞行并进行程序拐弯,到预定时间,第二级发动机熄火后自动脱落。这时第三级火箭并不急于立即点火,而是与卫星"相依为命"在空中惯性飞行,待飞行到离预定的卫星轨道较近的地方,再按指令启动第三级火箭,继续加速到卫星所需的速度和预定位置时,卫星被释放进入运行轨道。与卫星分离后的第三级火箭在完成历史使命后,自己也成了一颗失去工作能力的"卫星",在太空中孤苦伶仃地度过它的"晚年"。而与第三级火箭分离后的卫星,则靠惯性作无动力飞行,其运行轨道的形状,将取决于入轨点处的速度和方向。

2.4.4 轨道对通信的影响

1. 多普勒效应

由于卫星运动,在发射频率与接收频率之间存在差异。这对同步卫星影响很小,但对非同步卫星的影响很大。距离变化引起的时延对时分多址(TDMA)系统来说很重要。在卫星信号接收端必须根据运动的速度、方向等设计自适应算法,补偿多普勒效应对卫星信号接收造成的影响。

2. 星蚀

卫星和太阳之间的直视路径被地球或月球遮挡,从而造成太阳能电池失效或效率降低的现象就是星蚀,如图 2-7 所示。对于静止轨道卫星而言,地球引起的星蚀发生在春分和秋分前后 23 天,每年有 90 天的时间会发生星蚀。在开始与结束阶段,每次星蚀时间持续约 10 min,在春分或秋分日达到最大,星蚀最大持续时间约 71.5 min。

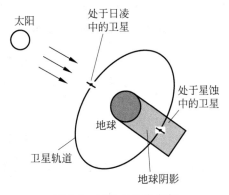

图 2-7 星蚀与日凌中断

一年中约有 52 天星蚀持续 1 h 以上,此时卫星能量完全靠蓄电池供给,由于受蓄电池储能的限制,在星蚀期间就必须关掉部分转发器,以维持执行重要任务的转发器正常工作。

除了地球引起的星蚀,静止卫星也可以被月球部分或完全遮蔽。与由地球引起的星蚀相比,由月球引起的星蚀是无规律的,程度也不一样。对于给定轨道位置的卫星,每年由月球引起的星蚀在 0~4 次,平均 2 次,平均每次约为 40 min。

3. 日凌中断

在春分和秋分期间,卫星不仅通过地球的阴影部分,也穿过地球和太阳间的直射区域,这时太阳、卫星及地球站在一条直线上,地球站的天线在对准卫星的同时也对准了太阳,如图 2-7 所示。由于太阳是一个非常强的电磁波辐射源,在 4~50 GHz 频段内的等效噪声温度是 6000~10000 K,远大于净空噪声温度(290 K)。

太阳带来的噪声使地球站接收到的卫星信号信噪比(SNR)大大降低,从而引起通信中断。日凌中断每年发生两次,每次延续约 6 天,中断时间最长达 10 min,占太阳全年平均日照时间的 0.02%。

参考文献

[1]　王悦,王权,张德鹏.低轨卫星通信系统与 5G 通信融合的应用设想[J].卫星应用,2019,85(1):56-61.

[2]　林莉,左鹏,张更新.美国 OneWeb 系统发展现状与分析[J].数字通信世界,2018,165(9):26,30-31.

[3]　计晓彤,丁良辉,钱良,等.全球覆盖低轨卫星星座优化设计研究[J].计算机仿真,2017(9):64-69.

[4]　MO Y,YAN D,YOU P,et al. Comparative study of basic constellation models for regional satellite constellation design[C]. Sixth International Conference on Instrumentation & Measurement,Computer,Communication and Control (IMCCC),2016:171-176.

[5]　姜文华,王学磊,曾志毅.国内外卫星互联网发展现状、风险及对策分析[J].信息通信,2016(11):11-12.

[6]　李志国,卫颖.卫星通信链路计算[J].指挥信息系统与技术,2014,5(1):73-76,82.

[7]　汪春霆,张俊祥,潘申富,等.卫星通信系统[M].北京:国防工业出版社,2012.

[8]　徐烽,陈鹏.国外卫星通信新进展与发展趋势[J].电讯技术,2011,51(6):156-161.

[9]　AJIBESIN A A,BANKOLE F O,ODINMA A C,et al. A review of next generation satellite networks:trends and technical issues[C]. IEEE AFRICON,Nairobi Kenya,2009,1:7.

[10]　王景良.第 3、4 代移动通信卫星的发展趋势和特点[J].国际太空,2008,9:32-36.

[11]　王晓海.天基综合信息网络的发展及应用[J].数字通信世界,2007,10:32-34.

[12]　蒋春芳.卫星频率及轨道资源管理探究[J].中国无线电,2007,1:26-29.

[13]　陈振国,杨鸿文,郭文彬,等.卫星通信系统与技术[M].北京:北京邮电大学出版社,2003.

[14]　赵兴玉.卫星通信链路及计算[J].广播电视技术,1997(7):118.

第3章

卫星与空间通信系统的组成

　　卫星通信系统主要由空间段和地面段两部分组成。空间段以空中的通信卫星（即通信装置）为主体，地面段包括所有的地面站。通信卫星的通信系统结构从广义的角度可分为跟踪遥测及指令分系统、监控管理分系统、空间分系统和地面站四部分。地面的跟踪遥测及指令分系统、监控管理分系统并不直接用于通信，而是用来保障通信的正常进行。

　　监控管理分系统对在轨卫星的通信性能及参数进行业务开展前的监测和业务开通后的例行监测与控制。空间分系统也就是卫星，它由若干个转发器、数副天线，以及位置和姿态控制、遥测和指令、电源子系统组成，其主要作用是转发各地面站信号。地面站由天线、发射、接收、终端子系统及电源、监控和地面设备组成，主要作用是发射和接收用户信号。卫星通信系统的基本组成如图 3-1 所示。卫星通信系统具有覆盖范围大，通信距离与成本无关，可以自发自收和星际通信等优点。

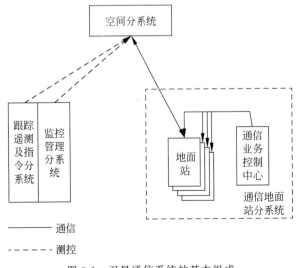

图 3-1　卫星通信系统的基本组成

　　地面网络或某些应用中直接来自于用户的信号,通过适当的接口传送到地面站,经基带处理器变换成规定的基带信号,使它们适合在卫星线路上传输;然后,传送到发射系统,进行调制、变频和射频功率放大;最后,通过天线系统发射出去。通过卫星转发器发下来的射频信号,由地面站的天线系统接收下来,首先经过其接收端中的低噪声放大器放大,然后由下变频器下变频到中频,解调器接收发给本地面站的基带信号,再经过基带处理器接口转移到地面网络(或直接送至用户端)。控制系统用来监视、测量整个地面站的工作状态,并迅速进行自动或手动转换(将备用设备转换到主用设备),及时构成勤务联络等。其组成框图如图 3-2 所示。

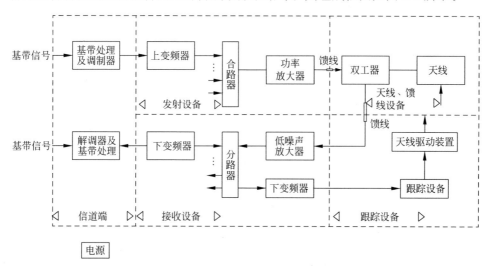

图 3-2　地面站的基本组成

　　在卫星通信系统工作中,地面站发出无线电信号,这个信号被通信卫星的天线接收后,首先在转发器中进行放大、变频和功率放大,最后再由卫星的天线把放大后的无线电波重新发向另外的地面站,从而实现两个地面站或多个地面站的远距离通信,卫星的作用就是实现中继的功能,完成信号的变频和放大。卫星通信系统的整体工作流程如图 3-3 所示。

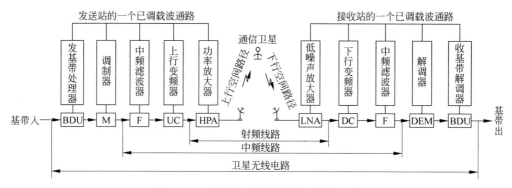

图 3-3　卫星通信系统的整体工作流程图

卫星通信网在结构上提供用户之间的三种连接链路:点到点、点到多点、多点到点。点到多点传输用于视频和数据广播(GPS等)。由上行主站发往卫星,再由卫星转送到其覆盖范围的每个接收用户。多点到点是对广播系统的接收站赋予发送信息的能力(DVB-S2和DVB-RCS)。网状网提供点到点的链接,支持交互式业务。VSAT数据网采用星形结构,中心站和各小站间的链路是双向的。在数据网形状方面主要有星形、网格形两种方式,在卫星通信网的工作方式方面主要有单跳和双跳两种方式。

3.1 同步通信卫星的结构及子系统

同步通信卫星由有效载荷和公用子系统等若干子系统构成。执行通信功能的子系统称为有效载荷,包括变频器、放大器及天线等;公用子系统则是由保障系统组成的可支持一种或几种有效载荷的组合体,用来搭载通信子系统。同步通信卫星的结构及子系统可分为姿态和轨道控制系统(AOCS)及全球波束天线两部分。

3.1.1 姿态和轨道控制系统

姿态控制分系统用于控制卫星的姿态,卫星姿态控制包括姿态稳定和姿态机动两部分,卫星姿态稳定的方式主要有重力梯度稳定、自旋稳定和三轴稳定。轨道控制分系统用于控制卫星轨道,卫星轨道控制包括变轨控制、轨道保持、返回控制和轨道交会。造成姿态变化和轨道变化的原因主要有太阳、月亮及其他行星的引力场使卫星产生转矩,从而使得卫星轨道倾斜(0.85度每年),使卫星呈"8"字形日漂移;(南北)地球引力场不均匀使卫星向东西向漂移;太阳辐射压力不但使卫星产生转矩而且发生东西向漂移,以及地球磁场产生旋转力都会引起姿态变化和轨道变化,其原理如图3-4所示。

1. 姿态测量与控制

在姿态测量和控制中,常用的是太阳传感器和地球传感器。卫星大多采用地球传感器测量自旋稳定。卫星用地球传感器测量俯仰轴及侧滚轴误差,用太阳传感器测量航偏轴误差,实现三轴稳定。

2. 卫星轨道位置的保持

WARC规定允许卫星漂移的"窗口"大小为±0.1°(相当于75 km),平均每2~4周校正一次,南北位置由俯仰轴方向的喷口控制,东西位置由侧滚轴方向喷口控制。主要燃料消耗在控制南北位置。卫星轨道位置的保持由喷气推进、遥测及跟踪和指令(TTC)、热控制、结构、电源、转发器、天线等几个部分实现。

(1)推进子系统

推进子系统用于为姿态控制和轨道控制提供所需动力,卫星推进方式主要包

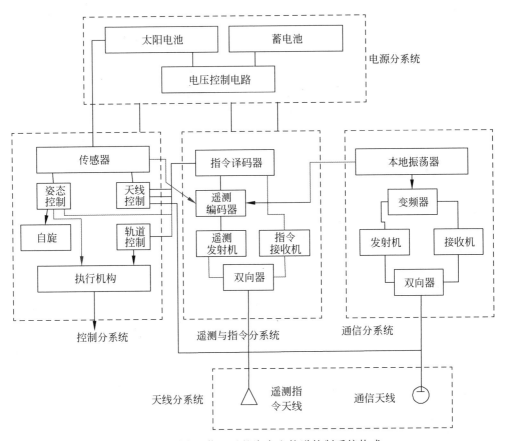

图 3-4 同步通信卫星的姿态和轨道控制系统构成

括冷气推进、单组元推进、双组元推进、双模式推进、电推进几种方式。低推力推进器用于姿态和轨道校正。大推力推进器(AKM 和 PKM)用于航天器发射。卫星寿命与推进器燃料储量直接相关。

(2)遥测、跟踪和指令系统

遥测分系统用于采集星上各种仪器设备的工作参数以及其他有关参数,并实时或时延发送给地面遥测站,实现地面对卫星工作的监视,用传感器将卫星各种状态传送到地面控制站。跟踪测轨分系统用于协调地面测控站,测定卫星运行的轨道参数,以保持地面对卫星的联系与控制,提供卫星定位所需的角度及距离等参数。指令系统用于接收和译出地面站发给卫星的指令,控制卫星的运行;还可以产生一个检验信号发回地面进行校对,控制卫星姿态、定位及星上通信设备工作,使用频段为 VHF、S 频段或 C 频段,采用全向天线。发射状态与在轨状态通常使用频段不同。

(3)热控制

热控制子系统用于控制卫星内外热交换过程,使其平衡温度处于要求的范围内,又称卫星温度控制子系统。卫星热控制分为被动热控制和主动热控制两类。卫星中的温度控制分为有源和无源两种。在高真空中热的传播不存在对流,只能借助于传导和辐射。

(4) 结构

结构用于支撑星上设备,使其成为一个整体,以承受地面运输、运载火箭发射和空间运行时的各种力学环境和空间运行环境;保证各项设备的位置正确;保证各项活动"展开";避免电荷积累发生尖端放电。结构材料必须考虑空间环境的特殊性。

(5) 电源

电源是用于产生、存储和变换电能的装置。卫星上的电源有化学电源、核电源、太阳能电池电源等多种。取之不尽、用之不竭的能源就是太阳能,目前绝大多数卫星都采用太阳能电池。长期运行的卫星多采用太阳能电池和蓄电池联合供电的模式。初级能源采用太阳能电池。二级能源用 NiCd、NiH_2 蓄电池,供星蚀期间及转移轨道时使用。

(6) 转发器

转发器是一类重要的转发电子、无线或光学信号的网络设备。有如以太网或无线保真(WIFI),数据传输在信号降级之前能跨越一个有限范围,实现物理层的连接,对衰减的信号进行放大整形或再生,起到扩展网段距离的作用,用于放大信号并变换频率。关键部件是高功率放大器(HPA):行波管放大器(TWTA)和固态功率放大器(SSPA)。星上处理目前采用交换矩阵实行多波束动态互连。多个转发器,各用不同频率范围和极化方式。

(7) 天线

卫星天线从实现物理形态上可以分为喇叭天线、抛物面天线和阵列天线;按天线的覆盖范围和覆盖区域的大小可以分为全球波束天线、赋形区域波束天线、点波束天线和多波束天线。本章除介绍几种常用的卫星天线,还会介绍使用 HFSS软件对天线进行仿真的主要方法。

3.1.2　全球波束天线

波束是指由卫星天线发射出来的电磁波的形状,主要有全球波束、点波束、赋形波束。它们由发射天线决定其形状。当卫星在离地球 35786 km 高的同步轨道时,它对地球边缘的张角为 17.34°,这里将 17.34° 的波束称为全球波束或覆球波束。为了提高覆盖区增益,一般采用多馈源加偏置抛物发射面产生与服务区形状相匹配的波束,覆盖卫星对地球的整个视区。覆盖面积约占整个地球表面积的 42.4%。

1. 点波束天线

点波束辐射在很小的范围内,波束截面为圆形,在地球上的覆盖区也近似为圆形。一般都用对称发射面天线来产生点波束。点波束天线具有天线直径小,覆盖地球面积大,天线直径大,覆盖地球面积小的特点。表 3-1 为天线波束宽度与地球覆盖面积的关系。

表 3-1 天线波束宽度与地球覆盖面积的关系

天线的波束宽度/(°)	地球覆盖面积/km²	天线的波束宽度/(°)	地球覆盖面积/km²
10	10155	1.0	1015
5.7	5788	0.57	577
2.8	2893		

点波束天线包括固定波束和指向可变波束。点波束的覆盖面积与波束宽度有关。由于地球是椭球,覆盖面积随地球纬度而变化,由表 3-1 的数据来估计波束宽度与地球覆盖面积的关系。天线通常为前馈抛物面天线,馈源为喇叭。

2.赋形波束天线

赋形波束天线是指借助反射面产生特定形状,方向图(方向系数随偏离垂轴角度按近似平方余割规律变化)的反射面天线可通过修改反射器形状来实现。图 3-5 和图 3-6 分别为天线波束组成与赋形波束形成过程。

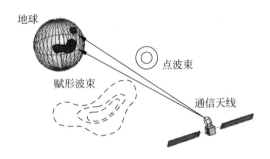

图 3-5 天线波束组成

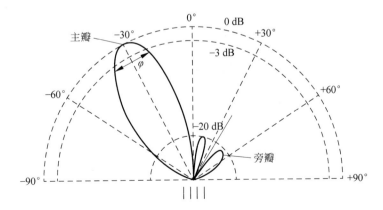

图 3-6 赋形波束形成过程

赋形波束天线主要是由阵列天线(波导裂缝天线)、发射面天线来实现,也可利用多个馈源从不同方向经反射器产生多波束的组合。

3.2　通信卫星及地面站用天线

在通信卫星和地面站有许多参数对求解地面站信息有很大作用。如常用的增益与开口面积、方向性、旁瓣特性和椭圆极化率等,对天线来说是决定天线性能好坏的参数。

3.2.1　常用参数

1. 方向性

辐射功率在某方向上集中的程度,通常称为天线的方向性。各种天线有不同的方向性。用方向性系数 D 来表示天线集中辐射能量的特性。其定义为天线在任一方向(θ_1, φ_1)的辐射功率密度(坡印廷矢量)$S(\theta_1, \varphi_1)$与相等的天线辐射功率 P_Σ 均匀辐射时的平均功率密度 S_u 之比,即

$$D = S(\theta_1, \varphi_1)/S_u \tag{3-1}$$

从 D 的定义可以看出,它的物理意义是:由于天线有方向性,使某方向的辐射功率密度比均匀辐射时增加的倍数。

由于不存在均匀辐射的天线,为了求天线的方向性系数,将被研究的天线与理想的、辐射相等功率的点源作比较。一个理想的点源是没有方向性的,它在各方向辐射功率密度都相等,即它的方向图是一个球体,方向性函数为$F(\theta, \varphi) = 1$,因此

$$S_u = \frac{P_\Sigma}{4\pi r^2} \tag{3-2}$$

式中:r 为包围天线的球面半径,r 应足够大,使球面位于远区。

通过球面上无穷小单位面(面积为 $r^2 \sin\theta \mathrm{d}\theta \mathrm{d}\varphi$)的功率为

$$\mathrm{d}P_\Sigma = \frac{E_{\max}^2}{2W} F^2(\theta, \varphi) r^2 \sin\theta \mathrm{d}\theta \mathrm{d}\varphi \tag{3-3}$$

式中:$F(\theta, \varphi)$ 为归一化方向图;$E_{\max}$ 为天线在最大辐射方向的电场值。

辐射功率为

$$P_\Sigma = \frac{E_{\max}^2 r^2}{2W} \int_0^{2\pi} \int_0^\pi F^2(\theta, \varphi) \sin\theta \mathrm{d}\theta \mathrm{d}\varphi \tag{3-4}$$

式中:W 为天线所在介质的特性阻抗;r 为远场半径。

将式(3-4)代入式(3-2),得

$$S_u = \frac{E_{\max}^2}{2W \cdot 4\pi} \int_0^{2\pi} \int_0^\pi F^2(\theta, \varphi) \sin\theta \mathrm{d}\theta \mathrm{d}\varphi \tag{3-5}$$

在 (θ_1,φ_1) 方向上天线的辐射功率密度为

$$S(\theta_1,\varphi_1)=\frac{E_{max}^2}{2W}F^2(\theta_1,\varphi_1) \tag{3-6}$$

将式(3-6)和式(3-5)代入式(3-1),可得

$$D=\frac{4\pi F^2(\theta_1,\varphi_1)}{\int_0^{2\pi}\int_0^{\pi}F^2(\theta,\varphi)\sin\theta\mathrm{d}\theta\mathrm{d}\varphi} \tag{3-7}$$

通常在最大辐射方向求方向性系数,则

$$D=\frac{4\pi}{\int_0^{2\pi}\int_0^{\pi}F^2(\theta,\varphi)\sin\theta\mathrm{d}\theta\mathrm{d}\varphi} \tag{3-8}$$

如果天线的方向性函数与方位角 φ 无关,则

$$D=\frac{2}{\int_0^{\pi}F^2(\theta,\varphi)\sin\theta\mathrm{d}\theta} \tag{3-9}$$

当已知天线的归一化方向性函数时,即可用式(3-9)求方向性系数 D。

也可以由任意方向的功率密度推出 D 的另一种表达方式。

$$S(\theta_1,\varphi_1)=E^2(\theta_1,\varphi_1)/2W \tag{3-10}$$

将式(3-10)代入式(3-1),得

$$D=\frac{E^2(\theta_1,\varphi_1)2\pi r^2}{WP_\Sigma} \tag{3-11}$$

在最大辐射方向且天线位于自由空间时,有

$$D=\frac{E_{max}^2 r^2}{60P_\Sigma} \tag{3-12}$$

天线在最大辐射方向的电场 E_{max} 为

$$E_{max}=\frac{60I_m}{r}f_{max}(\theta,\varphi) \tag{3-13}$$

将式(3-13)和 $P_\Sigma=\dfrac{I_m^2 R_\Sigma}{2}$ 代入式(3-12),得

$$D=\frac{120}{R_\Sigma}f_{max}^2(\theta,\varphi) \tag{3-14}$$

当已知天线的辐射电阻和最大辐射方向的方向性函数时,可用式(3-14)求方向性系数 D。假如用分贝表示方向性系数,则

$$D(\mathrm{dB})=10\lg D \tag{3-15}$$

以电流元为例,已知电流元的辐射电阻为

$$R_\Sigma=80\pi^2\left(\frac{\pi l}{\lambda}\right)^2 \tag{3-16}$$

及电流元的方向性函数为

$$f_{\max}(\theta,\varphi) = \frac{\pi \iota}{\lambda} \tag{3-17}$$

将 R_Σ 和 $f_{\max}(\theta,\varphi)$ 代入式(3-14),得电流元的方向性系数为

$$D = \frac{120 \left(\dfrac{\iota}{\lambda}\right)^2 \pi^2}{80 \pi^2 \left(\dfrac{\iota}{\lambda}\right)^2} = 1.5 \tag{3-18}$$

或

$$D(\mathrm{dB}) = 1.76 \tag{3-19}$$

表 3-2 列举了典型天线的方向性系数。

表 3-2　典型天线的方向性系数

	D	D/dB
各相均匀辐射器	1.00	0.00
电流元	1.50	1.76
半波对称振子	1.64	2.15
在理想地面上的 $\lambda/4$ 振子	3.28	5.15

由画出的方向图可以确定波瓣宽度。

包括抛物面天线在内的一般发射面天线的半功率波束宽度近似为 $\theta_{3\mathrm{dB}} = 70 \dfrac{\lambda}{D}$。

2. 增益与开口面积

由于存在天线效率,在两天线辐射功率相等时,它们的输入功率并不一定相等,因此引进了天线增益的定义。天线增益定义为该天线向给定方向每单位立体角内辐射出的功率与输入功率相同的各向同性天线在每单位立体角内辐射的功率比。定义 (θ,φ) 为方向角俯仰角;$P(\theta,\varphi)$ 为 (θ,φ) 方向上单位立体角内的辐射功率;天线增益通常定义为 $\theta = 0°$,$\varphi = 0°$ 的 $G(\theta,\varphi)$。即天线增益为

$$G(\theta,\varphi) = \frac{P(\theta,\varphi)}{P_0/4\pi} \tag{3-20}$$

根据天线增益的定义,式(3-2)变为

$$S_\mathrm{u} = \frac{P_\mathrm{A}}{4\pi r^2} \tag{3-21}$$

由天线效率公式 $\eta = P_\Sigma / P_\mathrm{A}$,得 $P_\mathrm{A} = P_\Sigma / \eta$,则

$$S_\mathrm{u} = \frac{P_\Sigma}{4\pi r^2 \eta} \tag{3-22}$$

将式(3-22)代入式(3-1),再利用式(3-20),得

$$G = \eta D \tag{3-23}$$

如果用分贝来表示天线增益,则

$$G(\text{dB}) = 10\lg G \tag{3-24}$$

天线增益的物理意义是:为了在观察点有相等的功率密度,方向性天线的输入功率应小于均匀辐射天线($\eta=1$)输入功率的 G 倍。

由天线增益的定义可知,如果被研究天线的效率为1,则 $G=D$。许多超高频天线系统的效率很高,效率接近 100%,则天线增益实际上就等于方向性系数的值。

有时想求天线增益,而已知的数据只有在 E 面和 H 面上的方向性图。如果天线效率为1,则增益近似为

$$G \approx \frac{27000}{\theta_E \theta_H}$$

式中,θ_E 和 θ_H 分别为 E 面和 H 面上以度为单位的波瓣宽度。

对于实际开口面积为 A 的天线增益有以下公式,$G = \dfrac{4\pi}{\lambda^2} A \eta$。式中:$\eta$ 为开口面效率;$A\eta$ 为等效开口面积,$\eta = 0.5 \sim 0.7$。如果开口是直径为 D 的圆形,则

$$G = \eta \frac{4\pi A}{\lambda^2} = \eta \left(\frac{\pi D}{\lambda}\right)^2$$

3. 旁瓣特性

旁瓣与天线的方向图有关,天线的方向性,是指在远区相同距离 r 的条件下,天线辐射场的相对值与空间方向的关系。将天线的方向性用图来描述,该图便为天线方向图。天线方向图上,对于任一天线而言,在大多数情况下,其 E 面或 H 面的方向图一般呈花瓣状,故方向图又称为波瓣图。天线方向图中通常都有两个或多个瓣,其中辐射强度最大的瓣称为主瓣,其余的瓣称为副瓣或旁瓣,与主瓣相反方向上的旁瓣称为后瓣。主瓣宽度表示能量辐射集中的程度。对于主瓣以外的旁瓣而言,当然是希望它越小越好,因为它的存在意味着有部分能量分散辐射到这些方向上去了。旁瓣最大值与主瓣最大值之比称为旁瓣电平(FSLL),通常以 dB 表示。国际无线电咨询委员会(CCIR)对旁瓣特性作了规定。在主瓣最大辐射方向两侧,辐射强度降低 3 dB(功率密度降低一半)的两点间的夹角定义为波瓣宽度(又称为波束宽度、主瓣宽度或半功率角)。波瓣宽度越窄,方向性越好,作用距离越远,抗干扰能力越强。旁瓣使能量扩散,衰减增多。

4. 椭圆极化率

天线极化是描述天线辐射电磁波矢量空间指向的参数。由于电场与磁场有恒定的关系,故一般以电场矢量的空间指向作为天线辐射电磁波的极化方向。天线的极化特性是以天线辐射的电磁波在最大辐射方向上电场强度矢量的空间取向来定义的,是描述天线辐射电磁波矢量空间指向的参数。在极化中分为线极化和圆

极化两种。

当无线电波的极化面与大地法线面之间的夹角从 $0°\sim360°$ 周期变化,即电场大小不变,方向随时间变化,电场矢量末端的轨迹在垂直于传播方向的平面上投影是一个圆时,称为圆极化。在电场的水平分量和垂直分量振幅相等,相位相差 $90°$ 或 $270°$ 时,可以得到圆极化。圆极化,若极化面随时间旋转并与电磁波传播方向呈右螺旋关系,称为右圆极化;反之,若呈左螺旋关系,称为左圆极化。若 E_x 和 E_y 幅度和相位差均不满足上述条件,合成矢量端点的轨迹为一个椭圆。椭圆极化波的椭圆长短轴之比称为轴比,当椭圆的轴比等于 1 时,椭圆极化波即圆极化波。当轴比为无穷时,电波的极化为线极化。根据电场旋转方向不同,椭圆极化和圆极化可分为右旋极化和左旋极化两种,它们是相互正交的圆极化成分 E_R 和 E_L。定义椭圆极化率 $r=\dfrac{E_L+E_R}{E_L-E_R}$,$r$ 又称为轴比。圆极化波比 $\rho=\dfrac{E_L}{E_R}$,或交叉极化波鉴别率 $XPD=20\lg|\rho|$。

3.2.2　卫星天线分类

卫星天线有很多种类,本节按照天线口径、馈源不同、天线材质和天线焦点四种方式对天线进行分类。

1. 按天线口径大小分类

在选择卫星接收天线的口径时,应根据所接收卫星电视信号的频段及 EIRP、信噪比要求等因素来确定。由于 C 频段卫星电视转发器发射的 EIRP 较小,有线电视系统接收时需要使用 3 m 左右的天线才能满意地接收卫星电视节目;Ku 频段转发功率较强,天线口径可以小些。当因风或雨雪造成天线晃动时,就会偏离卫星方向,使信号明显变差。而口径小的天线,如 3 m 天线的半功率角是 6 m 天线的 2 倍,对卫星的定位要求就低一些。但并不是天线口径越小越好,天线口径太小时,输入信号载噪比达不到阈值,就无法正常接收卫星电视节目,这涉及一个最小允许口径。所谓最小允许口径,是指图像画面上基本不出现拖尾噪点时的天线口径。配用不同噪声温度的高频头,对天线口径大小也有影响,如采用 $25°K$ 高频头时,2.1 m 的天线就接近使用 $65°K$ 高频头时的 3 m 天线的接收效果。所以根据卫星口径划分天线很重要。根据卫星口径的大小能够分为三类,分别是小口径天线、中口径天线和大口径天线。

小口径天线是定位在 90 cm 以下的天线。通常用于场强较高的 Ku 频段直播卫星接收,如 148° MEASAT-2 和 166° PAS-8 等。

中口径天线是定位在 $90\sim240$ cm 的天线。通常用于场强中等的区域卫星信号接收,如 100.5° ASIASAT-2 和 169° PAS-2 等。

大口径天线是定位在 240 cm 以上的天线。通常用于场强微弱的全球及半球卫星信号接收,如 93.5° INSAT-2C 和 108° PALAPA-B2R 等。

2．按馈源不同分类

根据天线结构不同，馈源分为两大类：一类是前馈型馈源，适合普通前馈式天线使用；另一类是后馈型馈源，适合卡塞格林天线使用。

完整的馈源系统由馈源喇叭、90°移相器、圆矩变换器组成。按馈源使用的方式可分为前馈馈源和后馈馈源；按卫星频段可分为 C 频段馈源和 Ku 频段馈源。

3．按天线材质分类

按天线材质，馈源分为网状天线、铁盘天线、组合玻璃纤维天线和碳纤维天线四类。

（1）网状天线

网状卫星天线具有高增益、低旁瓣、抗干扰和抗风雨能力强的特点，C/Ku 频段兼容，其结构如图 3-7 所示。

如果天线的网孔尺寸设计合理，能有效地接收 C/Ku 频段信号，并解决低纬度地区因天线存水而影响接收效果的问题。如果天线的安装位置是在沿海、高山地区及高楼大厦等风力较大的地方，或者酸雨多、雨雪大、沙尘多的地区，网状天线是最佳的选择。

（2）铁盘天线

铁盘天线是个人接收中使用率最高的一种，其结构如图 3-8 所示。

图 3-7　网状天线

图 3-8　铁盘天线

铁盘天线可分为偏焦一体成型、中心焦一体成型及中心焦多片组合。铁盘一体成型天线尺寸从 35～180 cm 不等，一般可用来接收 Ku 频段卫星；160～180 cm 天线可视卫星功率大小用来接收 C 频段卫星。一体成型天线价格便宜，好安装且信号增益稳定。唯一缺点是 100 cm 以上时搬运比较不方便。铁盘多片组合天线尺寸从 160～240 cm 不等，一般适用于 C 频段卫星接收。

（3）组合玻璃纤维天线

组合玻璃纤维天线又称为玻璃钢天线，即片状模塑料（SMC），是由不饱和聚酯树脂、玻璃纤维以及其他配合材料经专用设备成型机组制成片材,再经增稠、剪裁、放入金属,经高温高压固化而制成的。其模压制品作为新兴的玻璃纤维增强塑料,俗称玻璃钢,其加工方式可分为手糊成型、喷射成型、拉挤成型、缠绕成型、树脂传递模塑成型、模压成型等数种加工方式。SMC 及其模压制品有以下特点:质量轻、强度高、尺寸精确、批次质量一致性好,产品可达零收缩率。机械化、自动化程度较高,适用于表面质量要求高、产量大、厚度均匀的制品。

(4) 碳纤维天线

碳纤维复合材料(CFRP)具有质量轻、模量高、热膨胀系数低等特点。碳纤维复合材料的最大优点是材料的可设计性。纤维的选择关系到碳纤维复合材料的热膨胀系数和力学性能,从而最终关系到产品性能。纤维的模量是选择纤维的首要依据。

4. 按天线焦点分类

(1) 正焦天线

正焦天线又称为中心聚焦天线和抛物线天线。不论深浅,其天线盘面弧度皆呈抛物线。中心聚焦天线特征为盘面正圆,高频头(LNB)置于天线的中央焦点。正焦天线依其焦点位置又可分为深碟与浅碟,相同尺寸的天线如果聚焦越短则盘面越深,聚焦越长盘面越浅,如图 3-9 所示。

正焦天线寻找卫星,通常只要知道该卫星在当地的接收仰角,把仰角器置于天线正中央加以调整仰度,再搭配指南针与卫星信号测试仪器就可以很容易找到需要的卫星。

(2) 偏焦天线

偏焦天线又称为 offset 天线,其天线的曲率是撷取正焦抛物线天线的一部分加以制造,其结构如图 3-10 所示。

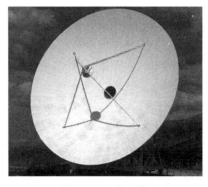

图 3-9　正焦天线

图 3-10　偏焦天线

一般来说,当同尺寸的偏焦天线与正焦天线接收同一颗卫星信号时,由于反射的角度不同,偏焦天线的盘面仰角要比正焦天线盘面略垂直 $20°\sim35°$。偏焦天线的信号不会像正焦天线一样被 LNB 及支架所阻挡而有所衰减,在经常下雪或赤道经常下雨的环境中,常使用面比较垂直的偏焦天线,这样才不会发生盘面淹水或盘面积雪的情况。

(3)卡塞格林天线

卡塞格林天线是一种在微波通信中常用的天线,它是从抛物线天线演变而来的,由三部分组成,即主反射面、副反射面和辐射源。其中主反射面为旋转抛物面,副反射面为旋转双曲面。在结构上,双曲面的一个焦点与抛物面的焦点重合,双曲面焦轴与抛物面的焦轴重合,而辐射源位于双曲面的另一焦点上。其结构如图 3-11 所示。

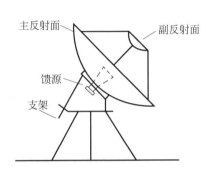 

图 3-11 卡塞格林天线

3.2.3 天线制作

天线是一种用来发射或接收无线电波的设备,一般来说为电磁波的电子元件。天线应用于广播和电视、点对点无线电通信、雷达和太空探索等系统。天线通常在空气和外层空间中工作,也可以在水下运行,甚至在某些频率下工作于土壤和岩石之中。从物理学上讲,天线是一个或多个导体的组合,它可因施加的时变电压或时变电流而产生辐射的电磁场,或者可以将它放置在电磁场中,由于场的感应而在天线内部产生时变电流并在其终端产生时变电压。本节主要介绍如何使用 HFSS 软件对天线进行仿真。

天线种类繁多,但就其设计流程来说,主要分为下面几个步骤,如图 3-12 所示。

(1)设置求解类型。在天线设计中可以选择模式求解类型或终端驱动求解类型。

(2)创建天线的结构模型。根据天线的初始尺寸和结构,在 HFSS 模型窗口创建出天线的 HFSS 参数化设计模型。另外,HFSS 也可以直接导入由 AutoCAD、Pro/E 等第三方软件创建的结构模型。

(3)设置边界条件。在 HFSS 中,导体结构一般设定为理想导体边界条件

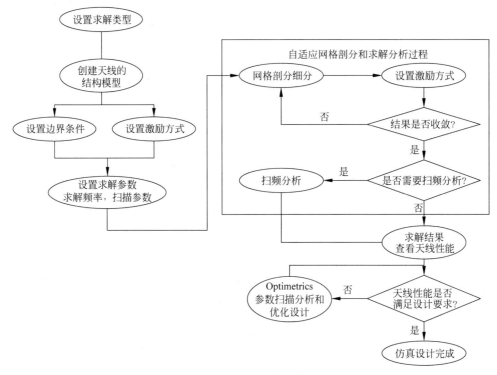

图 3-12   HFSS 天线设计流程

(PerfectE)或者有限导体边界条件。使用 HFSS 设计天线时,还必须在辐射体的外侧正确设置辐射边界条件或者理想匹配层(PML)边界条件,这样 HFSS 才可以计算天线的远区场。

(4)设置激励方式。天线必须通过传输线或者波导传输信号,天线与传输线或者波导的连接处即为馈点面或者称为激励端口。天线设计中馈点面的激励方式主要有两种,分别是波端口激励和集总端口激励。

(5)设置求解参数。包括设定求解频率和扫描参数,其中,求解频率通常设定为天线的中心工作频率。

(6)运行求解分析。上述操作完成后,即创建好天线模型,正确设置了边界条件、激励方式和求解参数,即可执行求解分析操作命令来运行仿真计算。整个仿真计算由 HFSS 软件自动完成,不需要用户干预。分析完成后,如果结果不收敛,则需要重新设置求解参数;如果收敛,则说明计算结果达到了设定的精度要求。

(7)查看求解结果。求解分析完成后,在数据后处理部分可以查看 HFSS 分析出的天线的各项性能参数,如回波损耗、电压驻波比(VSWR)、输入阻抗、天线方向图、轴比和电流分布等。如果仿真计算的天线性能满足设计要求,那么已经完成了天线的仿真设计,此时可以着手制作、调试实际的天线了。如果仿真计算的天线性能未达到设计要求,那么还需要使用 HFSS 的参数扫描分析功能或者优化设计功能,进行参数扫描和优化设计。

(8) Optimetrics 优化设计。如果前面的分析结果未达到设计要求,那么还需要使用 Optimetrics 模块的参数扫描分析功能和优化设计功能来优化天线的尺寸,以找到满足设计要求的天线尺寸。

在当前卫星通信中,使用的是天线伺服平台、扫频天线、多波束天线等来满足卫星通信的大容量、高速率等要求。

3.3　C频段和Ku频段

电磁波谱频率从低到高分别为无线电波、红外线、可见光、紫外线、X射线和γ射线。可见光只是电磁波谱中一个很小的部分。电磁波谱波长有长到数千千米,也有短到只有原子大小的一小段。通常的划分是:L频段为 1～2 GHz;S频段为 2～4 GHz;C频段为 4～8 GHz;X频段为 8～12 GHz;Ku频段为 12～18 GHz;K频段为 18～26 GHz;Ka频段为 26～40 GHz;U频段为 40～60 GHz;V频段为 60～80 GHz;W频段为 75～110 GHz。本节主要讲解C频段和Ku频段。

3.3.1　低噪声下变频器

电视台对数字卫星通信的应用越来越多,为了保障数字卫星接收系统的可靠性和稳定性,便引入了低噪声下变频器(low noise block,LNB)。LNB在完全发挥卫星数字系统的优越性和功效方面有着极其重要的作用。它与数字系统的信号传输特性完全配合才能使系统的传输达到最佳,误码率最低,合理选择LNB非常重要。这里选择几项重要指标加以讨论。

1. 噪声

LNB 的噪声馈源解释为 LNB 的灵敏度或其固有的噪声加载接收信号上,LNB 的噪声越低对微弱信号的接收越灵敏。C频段 LNB 的标准频率范围是 3.4～4.2 GHz,噪声的单位用热力学温度单位 K 表示。C频段 LNB 的噪声测量值在 15 K 时已是相当低的噪声了,一般 LNB 的噪声在 30 K 以上。

Ku频段的 LNB 的标准频率范围是 10.7～12.7 GHz,其所使用的噪声单位与C频段不同,一般以分贝(dB)为测量单位。K 和 dB 可以通过公式相互换算:

$$NF = 10\lg(1 + NT/290)$$

式中:NF 是用 dB 表示的噪声;NT 是用 K 表示的噪声系数。例如,35 K 噪声相当于 0.5 dB。Ku频段 LNB 的噪声系数测量值在 0.6 dB,一般的 LNB 噪声在 0.8 dB。

2. 增益

当信号从卫星传到地面的接收天线时,信号的强度已有很大的衰减,若信号不重新处理放大,便不能通过同轴电缆到达卫星接收机,信号放大的单位以 dB 计算。

LNB 在一特定的噪声温度和接收频率范围内,其增益平坦度不应过大,在卫星数字传送系统中,增益平坦度比模拟系统显得更为重要。

一般的数字接收系统,在任何情况下要求的 LNB 增益都在 55～65 dB。接收带宽在 500～800 MHz 的范围内,增益平坦度小于 ±5.0 dB,而每个 27 MHz 带宽的频道内,增益平坦度则应低于 ±1.0 dB。

3. 本振稳定度

LNB 的频率稳定度由本地振荡(LO)的频率稳定度决定。LNB 的本地振荡器分为两种:介质共振振荡器(DRO)和锁相环振荡器(PLL)。其中 DRO 的振荡频率的产生和稳定性完全取决于一小块介质材料的自由振荡频率和稳定性;PLL 的振荡频率的产生和稳定性完全取决于内置温度补偿晶体振荡器及数字锁相电路。不同种类及频宽的数字接收系统,对 LNB 的频率稳定度有不同的要求。宽频信号,如 MPEG2 数字电视广播需要稳定度较低的 LNB,因为传送的信号频宽较大,而接收器的自动频率调谐范围较宽。然而,窄频宽的传送信号,如 SCPC(单路单载波)广播,则需要稳定度高的锁相环 LNB,以及接收器能把信号锁定。

4. 输入电压驻波比

电压驻波比也可以用回波衰减表示。电压驻波比是输入电波在传输电缆或波导管内与反射电波的比值,它反映系统阻抗匹配的好坏。驻波比越高,阻抗匹配越差。在最理想的情况下,馈源阻抗与 LNB 阻抗应完全匹配,输入电波不会因不匹配而出现反射现象,驻波比在阻抗完全匹配时应是 1∶1。然而,在真实的应用环境中完全匹配是不可能的,不同传输电缆或波导管有不同的电特性及物理特性,要达到完全匹配是很困难的。接收的电波经馈源传到 LNB 时,由于不匹配使电波反射,从而造成信号的衰减,使 LNB 的噪声增加。

3.3.2　C 频段

C 频段是指频率在 4～8 GHz 的无线电波波段,接收 3.4～4.2 GHz 信号。通常的上行频率范围为 5.925～6.425 GHz,下行频率范围为 3.7～4.2 GHz,即上下行带宽各为 500 MHz。早期卫星通信使用的是 C 频段,后来因为 C 频段变得拥挤,于是就相继出现了 Ku 频段、Ka 频段等。C 频段具有单极化和双极化两种极化方式。

1. C 频段单极化 LNB

LNB 又称为高频头,其功能是将由馈源传送的卫星信号经过放大和下变频,把 Ku 或 C 频段信号变成 L 频段,经同轴电缆传送给卫星接收机。C 频段 LNB 工作频率范围是 3.4～4.2 GHz 的卫星频段。本地振荡频率是 5150 MHz,输出的频率范围为 950～1750 MHz。

2. C 频段双频双极化

C 频段双频双极化馈源是在一套 C 频段正馈天线上安装两个极化高频头的必

备器件,支持水平垂直信号的接收,搭配极化片可完成旋极化波的接收。

3.3.3　Ku 频段

Ku 频段为 10.75～12.75 GHz,约 2 GHz 的频宽。例如,ITU-3(亚太地区)Ku 卫星频率分布约有 90%在使用 12.25～12.75 GHz 的频段。Ku 频段也有单极化和双极化两种方式。

(1) Ku 频段单极化

不同的频段需使用不同的本地振荡。以亚太地区 Ku 频段的本地振荡:11.3 GHz 为使用最为频繁的一种。

(2) Ku 频段双极化

此 LNB 是使用 2 支相位相差 90°的感应探针来接收水平信号与垂直信号。但因只使用单一本地振荡(10.5 GHz 或 11.3 GHz)及单一中频输出,所以必须靠卫星主机送出 13 V/18 V 的电位差来选择水平或垂直的状态。

3.3.4　高功率放大器类型

功率放大器(PA),简称功放,是指在给定失真率条件下,能产生最大功率输出以驱动某一负载(如扬声器)的放大器。功率放大器在整个系统中起到了"组织、协调"的枢纽作用,在某种程度上主宰着整个系统能否提供良好的信号输出。对于 C 频段来说,带宽约为 45 MHz,通常增益为 45 dB 左右,输出功率为 3000 W。对于 Ku 频段来说,带宽为 80 MHz,通常增益为 45 dB 左右,输出功率为 2000 W。行波管放大器(TWTA)对在真空管中的电子调制进行放大,采用螺旋或耦合腔,带宽通常为 500～800 MHz,甚至更高;增益通常为 45～75 dB;C 频段输出功率最高为 10 kW,Ku 频段输出功率最高为 700 W。

1. 固态功率放大器(SSPA)

固态功率放大器用于射频信号功率放大,用于卫星通信地球站/VSAT 系统信号发射、雷达、导航测控电子对抗中的信号输出。SSPA 具有频带宽、线性好、寿命长、省电和维护方便等优点,SSPA 主要用于频率和功率较低的转发器中。例如,C 频段转发器已有 80%改用了 SSPA,几乎所有移动通信卫星的 L 频段转发器都已采用了 SSPA。模块化 SSPA 利用同相合成的原理,使高效功放的最大输出功率大大提高,一旦有个别模块出现故障,也只是输出功率下降几个分贝,不至于引起信号的中断。在材质上主要使用砷化镓(GaAs)场效应晶体管。宽带功放在 C 频段具有 500 W 的功率,Ku 频段具有 100 W 的功率。

2. 高功率放大器主要特性

高功率放大器(HPA)的作用是使地面站发射的载波达到规定的 EIRP。HPA 通常都配置 1∶1 或 1∶n 备用。主备用设备之间必须能自动倒换。常用 HPA 有三种类型：KPA（速调管放大器）、行波管放大器（TWTA）和固态功率放大器（SSPA）。表 3-3 为几种放大器的比较。

表 3-3　典型放大器主要特点

性能特点 类别	带宽 /MHz	能放大的 载波数	备用 方式	电源效率	调谐	维护	体积	价格
行波管放大器	500 575	可放大多个载波	1:1 1:2	10%～15%	不需要	较麻烦	较小	贵
速调管放大器	40 80	只能在频带范围内作多、单载波放大	1:1 1:2	约30%	更换工作频段需重新调谐	较容易	较大	较便宜
固态功率放大器	500 575	可放大多个载波	1:1 1:2	约40%	不需要	较麻烦	最小	适中

HPA 具有线性放大、额定功率、效率和可靠性高等主要特征。HPA 主要特性一般指饱和功率，对于 SSPA 来说，饱和功率指的是 1 dB 压缩点的功率，SSPA 输出功率比 TWTA 的低 0.5～0.7 dB，TWTA 的输出补偿余量为 6～7 dB，SSPA 为 2～3 dB。效率指有用输出功率与所需原功率消耗的比率，在 KPA 中约为 40%，SSPA 和 TWTA 为 5%～20%。对于可靠性来说，影响行波管寿命的因素是阴极耗尽，所以一般设计寿命为 10 万小时，对于 SSPA 来说，SSPA 受电压瞬变和温度变化的影响较大。KPA 是可靠性最好的放大器。

在 C 频段 250 W 和 Ku 频段 50 W 的应用中，SSPA 具有线性好、电压低、安全系数大、效率高和成本低等方面的优势。在高频段 Ku 频段以上，TWTA 完全主宰高功率宽带应用。KPA 具有很高的效率，也能够较为经济地工作。

参考文献

[1]　陈山枝.关于低轨卫星通信的分析及我国的发展建议[J].电信学,2020,36(6):1-13.

[2]　SETH S H,PETER H S. Printing space: using 3D printing of digital terrain models in geosciences education and research[J]. Journal of Geoscience Education,2014,62:138-145.

[3]　朱晋飞,程剑.低轨卫星 TDMA 通信中系统定时的研究[J].移动通信,2019,43(11):88-93.

[4]　徐挺,兰海,张宏江.静止轨道卫星通信链路的预算与分析[J].中国空间科学技术,2020,40(3):83-92.

[5]　HUANG L Y,ZONG R,YU J. Research on power communication network real-time based on OPNET simulator [C]. International Conference on Consumer Electronics. Communications and Networks(CECNet),USA：IEEE Press,2012：526-529.

[6]　STEVE M. Essentials of wireless mesh networking[M]. 西安：西安交通大学出版社,2012：1-11.

[7]　LEE J,LIFE R,ELMASRY G. Using opnet with satcom planning[C]. Milcom. Military Communications Conference. San Jose,CA: IEEE Press,2010: 1541-1546.

[8]　CAO Y,BLOSTEIN S,CHAN W Y. Unequal error protection rateless coding design for multimedia multicasting[C]. IEEE International Symposium on Information Theory,2010: 2438-2442.

[9]　赵玲,刘建华. OPNET 网络仿真技术及其应用[J]. 微计算机信息,2010,13: 186-188.

[10]　朱立,吴延勇,卓永宁. 卫星通信导论[M]. 3 版. 北京: 电子工业出版社,2009: 59-71.

[11]　张铭,窦赫蕾,常春藤. OPNET Modeler 与网络仿真[M]. 北京: 人民邮电出版社,2007.

[12]　陈振国,杨鸿文,郭文彬. 卫星通信系统与技术[M]. 北京: 北京邮电大学出版社,2003.

[13]　IEEE STD. 802. 11a. Part 11-1999. MAC and PHY specification.

[14]　IEEE STD. 802. 15. 1 Part 15. 1-2005[S]. Wireless MAC and PHY specifications for WPANs.

[15]　周炯槃,庞沁华,续大我,等. 通信原理[M]. 4 版. 北京: 邮电大学出版社,2015: 276-380.

[16]　郭丽芳,李鸿燕,李艳萍,等. 无线 Ad Hoc 网络移动模型大全[M]. 北京: 人民邮电出版社,2014: 81-109.

[17]　PAOLINI E,LIVA G,MATUZ B. Maximum likelihood erasure decoding of ldpc codes: pivoting algorithms and code design[J]. IEEE Transactions on Information Theory,2012, 60(11): 3209-3220.

[18]　AMJAD K. From simulation to testbed: an indoor MANET performance analysis study [C]. Loughborough Antennas and Propagation Conference(LAPC),USA: IEEE Press, 2012: 1-4.

[19]　朱子行,梁俊,余江明. 临近空间通信网 MAC 层协议研究[J]. 计算机工程与应用,2011, 47(2): 68-71.

[20]　DUMAN T M,GHRAVEB A. Coding for MIMO communication systems[M]. 北京: 电子工业出版社,2008: 5-15.

[21]　龚政委,张太镒,卢照敢,等. 时选衰落信道中的坐标交织空时分组码[J]. 电子与信息学报,2008,30(11): 2575-2579.

[22]　ZHOU P,WANG X,RAO R. Asymptotic capacity of infrastructure wireless mesh networks[C]. IEEE Transactions on Mobile Computing,2008: 1011-1024.

[23]　ZHU H J,PEI Y,LU J H. Applying fountain codes in deep space communication[J]. Journal of Internet Technology,2008,9: 399-404.

[24]　3GPP. 3GPP TS 26. 346 V7. 0. 0[S]. Technical Specification Group Services and System Aspects. Multimedia Broadcast. Protocols and Codes. Sept. 2007.

[25]　汪裕民. OFDM 关键技术与应用[M]. 北京: 机械工业出版社,2006.

[26]　尹长川,罗涛,乐光新. 多载波宽带无线通信技术[M]. 北京: 北京邮电大学出版社,2004.

[27]　ZHOU B,XU K,GERLA M. Group and swarm mobility models for Ad Hoc network scenarios using virtual tracks [C]. Proceeding of IEEE Milltary Communications Conference(MILCOM),2004,1: 289-294.

[28]　SHOKROLLAHI A. Raptor Codes[C]. IEEE Trans. Theory,2003,52: 2551-2567.

[29]　LUBY M. LT Codes[C]. Proc. 43rd Ann. IEEE Symp. Found. Comp. Sci,2002.

[30]　MEHRNIA A,HASHEMI H. Mobile satellite propagation channel. Part 1-a comparative evaluation of current models [C]. Proc.of 1999-Fall IEEE VTS 50th the Vehicular

Technology Conference,1999:2775-2779.

[31] BYERS J W,LUBY M,MIZENMACHER M. A digital fountain approach to reliable distribution of bulk data[C]. Proceedings of ACM SIGCOMM. Vancouver,1998:56-67.

[32] CAIRE G,BIGLIERI E. Parallel concatenated codes with unequal error protection[J]. IEEE Transactions on Communications,1998,46(5):565-567.

[33] MASNICK B,WOLF J. On Linear unequal error protection codes[J]. IEEE Transactions on Informaton Theory,1967IT-3(4):600-607.

第4章

卫星与空间通信系统链路计算

在卫星通信系统中地球站经过通信卫星转发器可以组成单跳或双跳卫星通信链路。通信系统的信号传输就是通过这些卫星通信链路来完成的。在卫星通信链路中将从地球站到卫星这一段称为上行链路,从卫星到地球站这一段称为下行链路。上、下行链路加起来就构成一条最简单的单工卫星通信链路。当两个地球站都有收发设备和上、下行链路,而且这两条链路共用一个通信卫星转发器并传播相反的信号进行通信时,就构成了双工卫星通信链路,如图 4-1 所示。

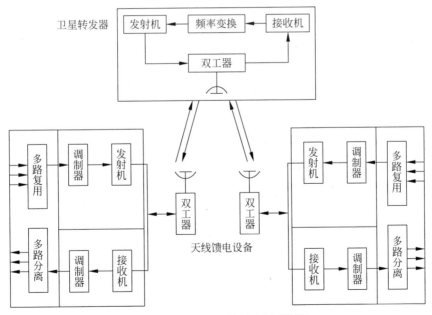

图 4-1 双工卫星通信链路原理框图

卫星通信系统从发送端地球站到接收端地球站的信息传输过程中,要经过上行链路、卫星转发器和下行链路。上行链路的信号质量取决于发送端地球站发出的信号功率的大小和卫星接收到的信号功率的大小,下行链路的信号质量取决于卫星发射的信号功率大小和地球站接收到的信号功率的大小。衡量卫星通信链路传输质量最主要的指标是卫星通信链路中接收系统输入端的载波功率与噪声功率的比值,简称载噪比(C/N 或 CNR)。在进行卫星通信链路分析或设计时,为了满足一定的通信容量和传输质量,需要对接收系统输入端的载噪比提出一定的要求,而载噪比又与发送端的发射功率和天线增益、传输过程中的各种损耗、所引入的各种噪声和干扰、接收系统的天线增益、噪声性能等因素有关。此外,降雨对频率高于 10 GHz 的信号可能产生严重的衰减,而且会降低频率复用系统中正交极化信号之间的隔离度。本章将就这些因素对卫星线路传输质量的影响以及通信链路的设计进行讨论。

4.1　通信链路的基本概念

卫星通信链路中影响信号质量的因素众多,包括自由空间传播损耗、接收信号功率、等效全向辐射功率(EIRP)、载噪比(C/N)、地球站的品质因数(G/T)、阈值载噪比等。下面就这些因素进行简单的介绍。

4.1.1　自由空间传播损耗

电磁波在自由空间的传播是无线电波最基本、最简单的传播方式,在电磁波的传播过程中,能量将随着传输距离的增加而扩散,由此引起的传播损耗称为自由空间传播损耗。

当电磁波在自由空间传播时,在距离波束中心轴向 R(单位为 m)处,用增益为 G_r 的天线接收,则接收信号的功率 P_r 可表示为

$$P_r = \frac{P_t G_t G_r}{L_f} = P_t G_t G_r \left(\frac{\lambda}{4\pi R}\right)^2 \tag{4-1}$$

式中:P_t 为发射功率;G_t 为发射天线的增益;λ 为电磁波波长。式(4-1)给出的就是卫星通信链路中上行或者下行的接收信号功率的表达式,适用于理想的通信链路,代表通信链路的极限性能。而式中的因子 $\left(\frac{4\pi R}{\lambda}\right)^2$ 就是自由空间传播损耗 L_f,即

$$L_f = \left(\frac{4\pi R}{\lambda}\right)^2 = \left(\frac{4\pi f R}{c}\right)^2 \tag{4-2}$$

式中给出的是自由空间传播损耗,它表示由于电磁波在自由空间以球面波形式传播,电磁波能量扩散在球面上,而接收点只能接收到一小部分辐射所形成的损耗。

若用 dB 来表示,则有

$$L_f = 10\lg\left(\frac{4\pi R}{\lambda}\right)^2 \text{(dB)} \tag{4-3}$$

若用 $d(\mathrm{km})$ 或 $f(\mathrm{GHz})$ 来表示,则有

$$L_\mathrm{f} = 92.44 + 20\lg R + 20\lg f \tag{4-4}$$

例　静止卫星通信链路的上行频率为 6 GHz,下行频率为 4 GHz,若地球站与卫星的距离 R 为 40000 km,则上、下行链路的自由空间传播损耗为

$$L_\mathrm{f\perp} = 92.44 + 20\lg 40000 + 20\lg 6 \text{ dB} = 200.05 \text{ dB}$$

$$L_\mathrm{f\mathcal{F}} = 92.44 + 20\lg 40000 + 20\lg 4 \text{ dB} = 196.53 \text{ dB}$$

由此可见,卫星通信的自由空间传播损耗是非常大的,达 10^{20} 倍左右。

4.1.2　等效全向辐射功率

有效全向辐射功率(effective isotropic radiated power,EIRP),也称为等效全向辐射功率(equivalent isotropic radiated power)。把卫星和地球站发射天线在波束中心轴向上辐射的功率称为发送设备的 EIRP,即无线电发射机供给天线的功率 P_t 与在给定方向上天线绝对增益 G_t 的乘积,是表征地球站或转发器发射能力的重要指标。它代表地球站或通信卫星发射系统的发射能力,即天线在最大辐射方向上实际所辐射的功率:

$$\mathrm{EIRP} = P_\mathrm{t} \times G_\mathrm{t}$$

$$\mathrm{EIRP(dBw)} = P_\mathrm{t}(\mathrm{dBw}) + G_\mathrm{t} \quad (\mathrm{dBw}) \tag{4-5}$$

式中:P_t 为天线发射功率;G_t 为天线的增益。

卫星天线和地球站天线均为高增益天线,不是全向同性天线,在各个方向上的辐射是不相等的。EIRP 的物理意义如下:为保持同一接收点的收信电平不变,用全向同性天线代替原来的天线所对应点的馈入等效功率。EIRP 表示发射功率和天线增益的总体效果,用它作为系统参数来研究卫星系统会带来方便,尤其是在用于估算接收站对某一载波的接收功率时,是非常方便的。考虑到功率放大器在多载波工作时的输入补偿 L_bo,有

$$\mathrm{EIRP(dBw)} = P_\mathrm{t}(\mathrm{dBw}) + G_\mathrm{t}(\mathrm{dB}) + L_\mathrm{bo}(\mathrm{dB}) - L_\mathrm{bf}(\mathrm{dB}) \quad (\mathrm{dB}) \tag{4-6}$$

式中:P_t 为发射机的有效输出功率(dBw);L_bf 为总的馈线和分支衰减(dB);G_t 为发射天线增益(dB)。

4.1.3　载噪比

卫星通信链路中的载波功率和噪声功率之比称为载噪比,它是决定卫星通信链路性能的最基本的参数之一。

载噪比(信噪比)是用来表示载波与载波噪声关系的标准测量尺度,通常记作 CNR 或者 $C/N(\mathrm{dB})$。高的载噪比可以提供更好的网络接收效果、更好的网络通信质量,以及更好的网络可靠性。在卫星通信中一般采用 FM 或相移键控(PSK)等恒包络调制,因此解调输入信噪比与载噪比是相通的,故以 C/N 作为度量。根

据通信距离方程,并考虑到传输过程中的各种损耗,如降雨 L_a、大气折射 L_{de} 和 L_{di}、天线跟踪误差 L_{Tr}、极化误差 L_p 等引起的损耗,以及自由空间传播损耗 L_f。接收机输入端的载波功率为

$$C = \frac{P_t G_t G_r}{L_f L} \tag{4-7}$$

式中:P_t 为发射功率;G_t 为发射天线的增益;G_r 为接收天线的增益;L_f 为接收系统馈线损耗;L 为全部传输损耗。

将接收机输入端作为参考点的接收系统的等效噪声功率为

$$N = kTB$$

故接收机输入端的载噪比为

$$\frac{C}{N} = \frac{P_t G_t G_r}{L_f L k T B} \tag{4-8}$$

用 dB 表示,且应用 EIRP 的概念,则有

$$\left[\frac{C}{N}\right] = 10 \lg \frac{C}{N} = \text{EIRP} + \left[\frac{G_r}{T L_f}\right] - [L] - [k] - [B] \tag{4-9}$$

在引入等效温度概念时,馈线和接收机均可认为是理想的,这样信号与噪声通过它们时,衰减或放大的倍数都是一样的,即

$$\frac{G_r}{T L_f} = \frac{G_{Rr}}{T} = \frac{G_R}{T_S} = \frac{G}{T}$$

式中:$G_{Rr} = \dfrac{G_r}{L_f}$ 为折算到接收机入口的天线增益;T_S 为将馈线入口作为参考点的系统总等效噪声温度,$T_S = T L_f$。也就是说,无论是以接收机输入端作为参考点,还是以馈线输入端作为参考点,其比值都是一样的,为方便起见,一般用 $\dfrac{G}{T}$ 表示。

并考虑到

$$[k] = 10 \lg(1.38 \times 10^{-23}) = -228.6 (\text{dBw}/(\text{K} \cdot \text{Hz}))$$

故有

$$\left[\frac{C}{N}\right] = \text{EIRP} + \left[\frac{G}{T}\right] - [L] - [B] + 228.6 \tag{4-10}$$

为便于运算,通常采用载波功率与等效噪声功率谱密度之比 C/n_0,或载波功率与等效噪声温度之比 C/T,这样可以忽略带宽这个因素,甚至可以把常量 k 也去掉。

$$\left[\frac{C}{n_0}\right] = \text{EIRP} + \left[\frac{G}{T}\right] - [L] + 228.6 \tag{4-11}$$

$$\left[\frac{C}{T}\right] = \text{EIRP} + \left[\frac{G}{T}\right] - [L] \tag{4-12}$$

它们之间的关系是

$$\left[\frac{G}{T}\right] = \left[\frac{C}{kTB}\right] = \left[\frac{C}{n_0}\right] - [B] = \left[\frac{C}{T}\right] + 228.6 - [B] \tag{4-13}$$

4.1.4 阈值载噪比

阈值载噪比是指为保证最终解调输出的语音、图像和数据有必要的质量,接收机输入端所需的最低载噪比。这里所谓的"质量",对模拟信号来说是用信噪比来衡量的,而对数字信号来说是用误码率来度量的。阈值载噪比与采用的调制方式和解调方式都有关。

图 4-2 所示是调频制解调器输出信噪比 $[S/N]$ 与输入载噪比 $[C/N]$ 之间的关系曲线。当 $[C/N]$ 小于一定值后,$[S/N]$ 急剧下降,称为阈值效应。在通信理论中,通常把曲线从线性变化趋势(图中虚线)下降 1 dB 的点称为阈值点,而对应的 $[C/N]$ 称为阈值电平或阈值载噪比。

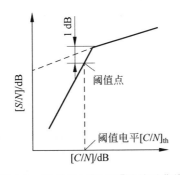

图 4-2 $[S/N]$ 与 $[C/N]$ 的关系曲线

4.1.5 地球站的品质因数

地球站接收品质因数 (G/T) 是卫星通信的一个重要参数,也是国际卫星通信组织对地球站进行分类的主要依据之一。G/T 也称为接收优值,是天线增益除以折算到天线输出端的系统噪声温度,以 dB/K 计。

$$\frac{G}{T} = G(\text{dB}) - 10\lg T \quad (\text{dB/K}) \tag{4-14}$$

式中:G 为天线增益;T 为系统噪声温度。

4.1.6 卫星转发器的饱和通量密度

卫星转发器的饱和通量密度(SFD)表示卫星转发器的灵敏度,其基本含义是:为使卫星转发器单载波饱和工作,在其接收天线的单位有效面积上应输入的功率,即

$$[\mathrm{SFD}]=[\mathrm{EIRP}]_{\mathrm{E\cdot S}}-[L]_{\mathrm{U}}+10\lg\left(\frac{4\pi}{\lambda^2}\right) \quad (\mathrm{dB/m^2}) \tag{4-15}$$

式中：等号右边最后一项是接收天线单位有效面积的增益；EIRP 下标 E·S 的 E 表示是地球站发的，S 表示转发器饱和工作；$[L]_{\mathrm{U}}$ 表示上行链路损耗。当$[\mathrm{SFD}]$ 一定时，所需地球站的$[\mathrm{EIRP}]_{\mathrm{E\cdot S}}$ 为

$$[\mathrm{EIRP}]_{\mathrm{E\cdot S}}=[\mathrm{SFD}]+[L]_{\mathrm{U}}-10\lg\left(\frac{4\pi}{\lambda^2}\right) \quad (\mathrm{dB}) \tag{4-16}$$

4.2 传播损耗

卫星通信链路的传输损耗包括自由空间传播损耗、大气吸收和散射损耗、馈线损耗、天线指向误差损耗等，其中主要的是自由空间的传播损耗。这是因为在卫星通信中，电磁波主要是在大气层以外的自由空间中传播的，大气层仅占据整个传输路径的一小部分。但是在研究传播损耗时，在主要研究自由空间传播损耗的基础上，也要把其他的损耗都考虑进去。

4.2.1 大气吸收损耗

电磁波在大气中传输的时候，要受到电离层中自由电子和离子的吸收，以及对流层中氧分子、水蒸气分子和云、雾、雪等的吸收和散射，从而形成损耗。这种损耗与电磁波的频率、波束和仰角，以及天气有密切的关系，下面分两种情况来说明。

1. 晴朗天气时的大气吸收损耗
晴朗天气时，电磁波通过大气层所产生的吸收损耗情况如图 4-3 所示。

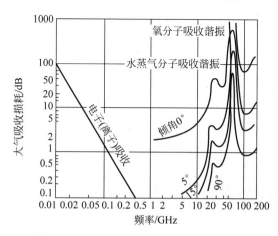

图 4-3 大气中电子(离子)、氧分子、水蒸气分子对电磁波的吸收

在 0.1 GHz 以下,电离层的自由电子和离子对信号的吸收,在信号的大气吸收损耗中起主要的作用,频率越低,这种损耗越严重。0.01 GHz 时可达 100 dB,而工作频率高于 0.3 GHz 时,其影响可以小到忽略。卫星通信中工作频率几乎都高于 0.3 GHz,故卫星通信系统设计时可不考虑这部分影响。

在 1.5～5 GHz 频段,水蒸气的吸收在大气吸收损耗中占主要地位,并在 22.2 GHz 处发生谐振吸收而产生一个损耗峰。在 15 GHz 以上和 35 GHz 频段则主要是氧分子的吸收,并在 60 GHz 附近发生谐振吸收而产生一个较大的损耗峰。当地球站位置使天线波束仰角较大时,电磁波通过大气层的途径就较短,损耗也就较小了。

频率低于 10 GHz,仰角大于 5°时,它们的影响可以忽略不计。

在 0.3～10 GHz 频段,大气损耗最小,比较适合于电磁波穿透大气层的传播。大体上把电磁波看作是自由空间传播,故称此频段为“无线电窗口”,目前在卫星通信中用得最多。在 30 GHz 附近有一个损耗谷,损耗相对较小,通常把此段称为“半透明无线电窗口”。在晴天条件,它比 0.3～10 GHz 时的损耗要大 1～2 dB,或者稍多一点,大雨、大雪或雾天则要严重得多。

卫星通信应用最广泛的是 4 GHz/6 GHz(下行频率/上行频率)频段,虽然该频段的大气吸收损耗比较小,但在设计卫星通信链路时,仍有必要对此作出估计。

2. 坏天气时的大气吸收损耗

电磁波穿过对流层的雨、雾、云、雪时,有一部分能量被散射和吸收,因此产生损耗,损耗的大小与工作频率、穿过的路程长短,以及雨、雪的大小和云、雾的浓度等因素有关。

线路设计时,通常以晴天作为基础进行计算,然后留有一定的余量,以保证降雨、降雪等情况仍然能够满足通信质量的需求。这个余量就叫作降雨余量或者降雨备余量。

云、雾引起的电磁波损耗可以用如下经验公式计算:

$$损耗强度(云,雾) = \frac{0.148 f^2}{v_m^{1.43}} \tag{4-17}$$

式中:频率 f 的单位为 GHz;能见度 v_m 的单位为 m。

密雾:$v_m < 50$ m。

浓雾:50 m $< v_m <$ 200 m。

中等:200 m $< v_m <$ 500 m。

雨、云、雾引起的损耗如图 4-4 所示。

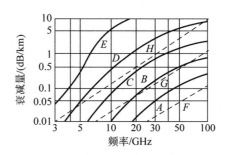

图 4-4　雨、云、雾引起的损耗

实线表示雨引起的衰减,虚线表示云、雾引起的衰减

A:0.25 mm/h(细雨);B:1 mm/h(小雨);C:4 mm/h(中雨);D:16 mm/h(大雨);

E:100 mm/h(暴雨);F:0.032 g/m³(视界 600 m 以下);G:0.32 g/m³(视界约 120 m);

H:2.3 g/m³(视界约 30 m)

4.2.2　天线指向误差损耗

地球站天线轴向偏离导致增益下降的情况称为天线指向误差损耗(或称为天线跟踪误差损耗),天线指向误差损耗定义为

$$L_{Tr} = \frac{\text{地球站天线指向对准卫星时,卫星(或地球站)接收到的信号功率}}{\text{地球站天线指向偏离卫星时,卫星(或地球站)接收到的信号功率}} = \frac{G(0)}{G(\theta)}$$

式中:$G(0)$ 为天线增益最大值方向的功率增益;$G(\theta)$ 为地球站发射(或接收)天线增益方向图的函数;θ 为天线增益最大值方向与卫星方向的偏角。

通常 $G(\theta)$ 可用经验公式近似表示为

$$G(\theta) \approx G(0) \times e^{-2.77 \times \left(\frac{\theta}{\theta_{1/2}}\right)^2} \tag{4-18}$$

所以,天线指向误差损耗为

$$L_{Tr} \approx e^{2.77 \times \left(\frac{\theta}{\theta_{1/2}}\right)^2} \tag{4-19}$$

式中:θ 为天线增益最大值方向与卫星方向的偏角;$\theta_{1/2}$ 为天线的半功率宽度,$\theta_{1/2} = 70\frac{\lambda}{D}$,这里,$\lambda$ 为波长,D 为天线长度。$G(\theta)$ 的函数图如图 4-5 所示。

利用式(4-18)和式(4-19)计算天线的半功率宽度以及指向误差损耗。例如,若 $f=4$ GHz,10 m 天线,则接收天线的半功率宽度为

$$\theta_{1/2} = 70\frac{\lambda}{D} = 0.525°$$

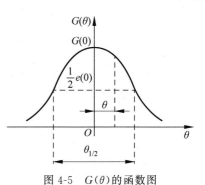

图 4-5　$G(\theta)$ 的函数图

若天线的跟踪精度为 $0.04°$,根据式(4-14),则可得天线指向误差损耗为

$$L_{Tr} \approx e^{2.77 \times \left(\frac{0.04}{0.525}\right)^2} = 0.4 \text{ dB}$$

4.2.3　极化误差损耗

圆极化误差损耗的经验计算公式为

$$[L_p] = -10\lg 0.5 \times \left[1 + \frac{\pm 4x_T x_R + (1-x_T^2)(1-x_R^2)\cos 2\alpha}{(1+x_T^2)(1+x_R^2)}\right] \quad (4\text{-}20)$$

式中:x_T 和 x_R 分别为发送波和接收波的极化轴比;α 为发送和接收椭圆轴的夹角。线性极化误差损耗的计算公式为

$$[L_p] = -10\lg(\cos\alpha)^2 \quad (4\text{-}21)$$

式中,α 为发送波的线极化方向和接收端所要求的线极化方向之间的夹角。

4.3　噪声干扰

卫星通信链路中,地球站接收到的信号极其微弱,而且接收天线在接收卫星转发来的信号的同时,还会接收到大量的噪声(图 4-6)。地球站接收系统接收到的噪声有些是由天线从其周围辐射源的辐射中接收到的,如宇宙噪声、大气噪声、降雨噪声、太阳噪声、天电噪声、地面噪声等,若天线盖有罩子则还有天线罩的介质损耗引起的噪声,这些噪声与天线本身的热噪声合在一起统称为天线噪声;有些噪声则是伴随着信号一起从卫星中发出的,包括发射地球站、上行链路、卫星接收系统

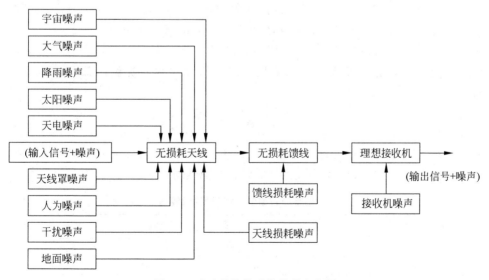

图 4-6　地球站接收系统的噪声来源

的热噪声,以及多载波工作时卫星和发射地球站的非线性器件产生的互调噪声等;有些是干扰噪声,不过噪声频谱在 120 MHz 以下,因此,对工作于微波波段的卫星来说,其影响可以忽略不计。

天线与接收机之间的馈线通常是波导或同轴电缆,由于它们是有损耗的,所以会附加一些热噪声;而接收机中,线性或准线性放大器、变频器会产生热噪声、散弹噪声;线路的电阻损耗会引起热噪声。以上这些都是接收系统的内部噪声。

4.3.1　天线噪声

天线噪声通过馈线进入接收机,当馈线损耗足够小时,由于接收机采用了低噪声放大器,所以天线噪声就限制了接收系统噪声的进一步降低。

天线噪声主要包括以下几个部分。

1. 天线固有的损耗引起的噪声

天线本身就有损耗,其损耗主要是由天线的电阻特性引起的。

2. 宇宙噪声

宇宙噪声是指外空间星体的热气体分布在星际空间的物质辐射所形成的噪声,它在银河系中心指向上达到最大值,通常称为指向热空;而在天空其他某些部分的指向则是很低的,称为冷空。宇宙噪声是频率的函数,在 1 GHz 以下,是天线噪声的主要部分。

3. 太阳系噪声

太阳系噪声是指太阳系中的太阳、月亮以及各行星辐射的电磁干扰被天线接收而形成的噪声,其中太阳是最大的热辐射源。表 4-1 给出了太阳处于静寂期的噪声温度 T_q。在太阳黑子活动强烈时,几秒钟测到的值要比表中的大 $10^2 \sim 10^4$ K,突发后的几小时内还是静态的 10 倍左右,即使天线不对准太阳,其旁瓣收到的噪声也是很可观的。天线噪声温度中太阳在静寂期间所提供的部分可由下式计算:

$$T_{as} = 4.8 \times 10^{-6} \times \left(\frac{GT_q}{L} \right) \tag{4-22}$$

式中: T_q 是表中所列数据; G 是覆盖太阳圆盘那一部分天线波束增益的平均值; L 是传播路程中除自由空间损耗以外的各种衰减性损耗。

表 4-1　太阳处于静寂期的噪声温度(天线增益 53 dB)

频率/MHz	噪声温度/K	频率/MHz	噪声温度/K
100	1×10^6	1000	3.6×10^5
200	9×10^5	3000	6.5×10^4
300	7×10^5	10000	1.1×10^4
600	4.6×10^5		

4．大气和降雨噪声

电离层、对流层对穿过它们的电磁波，在吸收能量的同时，也产生电磁辐射而形成噪声，其中主要是由水分子和氧分子构成的大气噪声。大气噪声是频率的函数，在 10 GHz 以上显著增加；此外，它又是仰角的函数，仰角越低，穿过大气的路径就越长，大气噪声对天线噪声温度的贡献就越大。

降雨及云、雾在引起电磁波损耗的同时也会产生所谓的"降雨噪声"，它对天线噪声温度的贡献与雨量、频率以及天线仰角有关。

5．地面噪声

对微波来说，地球是一个比较好的吸收体，是个热辐射源。从卫星向地球看，平均噪声温度约为 254 K。由于卫星天线对准地球，所以地球热噪声是地球噪声温度 T_a 的一个重要部分。地球站天线，除其旁瓣、后瓣接收到直接由地球产生的热辐射，还可能接收到经地面反射的其他辐射。当仰角不高时，地面噪声中对天线噪声温度贡献最大的是副反射面的溢出噪声，这是指卡塞格林天线馈源喇叭的辐射波束主瓣边缘的一部分，以及其旁瓣越过副反射面的部分，当仰角不高（小于 30°）时，它们接收地面热噪声的量是相当大的。

压缩天线的旁瓣及后瓣是天线设计中需要考虑的重要问题，它不但对降低地面噪声，而且对降低太阳系噪声都有重要的意义。一般要求天线设计时，在最低工作仰角情况下，地面噪声对 T_a 的贡献小于 20 K。

4.3.2　噪声温度与噪声系数

假设噪声的等效带宽是 B，则电阻的热噪声功率为

$$N = kTB$$

在线性网络中，引入等效噪声温度 T_e，等效噪声温度 T_e 是假设接收机输入端接有一个等效电阻，该电阻在一定温度下产生与该系统实际存在的噪声强度相同的热噪声，则

$$N = kT_eB$$

接收机噪声图如图 4-7 所示。

图 4-7　接收机噪声图

由图 4-7 可知,接收机输出噪声功率为

$$P_n = G_{IF} k T_{IF} W + G_{IF} G_m k T_m W + G_{IF} G_m G_{RF} k (T_{RF} + T_{in}) W \qquad (4-23)$$

若将接收机等效成一个噪声源,则

$$T_s \longrightarrow \boxed{G_m G_{IF} G_{RF}} \longrightarrow P_n$$

$$P_n = G_{IF} G_m G_{RF} k T_s W$$

$$T_s = T_{in} + T_{RF} + \frac{T_m}{G_{RF}} + \frac{T_{IF}}{G_m G_{RF}}$$

例 某 4 GHz 地球站,$T_{in} = 50$ K,$T_{RF} = 50$ K,$T_m = 500$ K,$T_{IF} = 1000$ K,$G_{RF} = 23$ dB,$G_m = 0$ dB,$G_{IF} = 30$ dB,则

$$T_s = 50 + 50 + \frac{500}{200} + \frac{1000}{200} \text{ K} = 107.5 \text{ K}$$

如果上例中,天线与低噪声放大器之间有一段损耗为 L_p 的电缆,它将附加噪声,其噪声温度为

$$T_l = T_p \left(1 - \frac{1}{L_p} \right) \qquad (4-24)$$

式中,T_p 为环境温度。

此时低噪声功率放大器输入端(low noise amplifler input,LNAT)的等效噪声温度为

$$T_{in} = \frac{T_a}{L_p} + T_p \left(1 - \frac{1}{L_p} \right) \qquad (4-25)$$

例 $L_p = 2$ dB,$T_a = 50$ K,$T_p = 290$ K,则

$$T_{in} = 31.5 + 107.3 \text{ K} = 138.8 \text{ K}$$

所以说,波导或电缆损耗使系统等效噪声温度增加。

近似地说,每增加 0.1 dB 损耗,噪声温度提高 7 K。

噪声系数 N_F 定义为接收机的输入信噪比与输出信噪比的比值,用来表示接收机性能的好坏。噪声系数为

$$N_F = \frac{S_i / N_i}{S_o / N_o}$$

输入噪声功率为

$$N_i = k B T_0$$

输出噪声功率为

$$N_o = k B (T_0 + T_e)$$

式中:k 为玻耳兹曼常量;T_0 为室温;T_e 为等效噪声温度。

一般认为 $T_0 = 290 \sim 300$ K。故噪声系数

$$N_F = 1 + \frac{T_e}{T_0} = 1 + \frac{T_e}{290} \qquad (4-26)$$

若用 dB 表示,则有

$$N_F(dB) = 10\lg\left(1 + \frac{T_e}{290}\right) \tag{4-27}$$

4.4 卫星通信链路计算

在卫星通信链路中,把从地球站发信端到卫星这一段链路称为上行链路,从卫星到地球站收信端,这一段链路称为下行链路,上、下行链路加起来就构成一条简单的卫星通信链路。卫星通信中,模拟系统的调制信号通常为频率调制,数字系统的调制信号通常为恒包络的数字键控信号,调频波各频率分量的功率总和等于未调载波的功率,数字键控信号的平均功率也等于其未调载波的功率。因此,用载波功率表示信号功率具有一般意义。信号在传输过程中的各种噪声干扰用接收端的等效噪声温度表示,故衡量通信链路的信噪比在卫星通信中可以表示为载噪比或载温比。下面对上、下行链路分别进行讨论。

4.4.1 上行链路载噪比

载噪比是接收系统输入端的载波功率和噪声功率之比,是决定一条卫星通信链路传输质量的最主要指标,用 C/N 表示。根据通信距离方程,考虑到传输过程中的各种损耗 L 以及接收系统的馈线损耗 L_f,接收机输入端的载波功率为

$$C = \frac{P_T G_T G_R}{L_f L} \tag{4-28}$$

式中:P_T 为发射功率;G_T 为发射天线增益;G_R 为接收天线增益。

接收机输入端的等效噪声功率为

$$N = kTB$$

式中:k 为玻耳兹曼常量;T 为接收机输入端的等效噪声温度;B 为接收机带宽。
则载噪比为

$$C/N = \frac{P_T G_T G_R}{L_f L k T B} \tag{4-29}$$

用 dB 表示,且应用[EIRP]的概念,则有

$$\left[\frac{C}{N}\right] = [EIRP] + \left[\frac{G_R}{TL_f}\right] - [L] - [k] - [B] \tag{4-30}$$

在引入系统等效温度的概念时,馈线和接收机可以认为是理想的,即它们都不产生噪声,故

$$\frac{G_R}{TL_f} = \frac{G_{RS}}{T}$$

式中:$G_{RS} = \dfrac{G_R}{L_f}$ 为折算到接收机入口的天线增益;T 为接收机输入端的等效噪声

温度。为方便起见,一般用 G/T 表示。并且

$$[k] = 10\lg(1.38 \times 10^{-23})\text{dB/(K} \cdot \text{Hz}) = -228.6 \text{ dB/(K} \cdot \text{Hz})$$

所以有

$$[C/N] = [EIRP] + [G/T] - [L] - 10\lg B + 228.6 \qquad (4\text{-}31)$$

在卫星通信链路中,分为上行链路和下行链路。在计算上行链路载噪比时,地球站为发射系统,卫星为接收系统。假设地球站有效全向辐射功率为 $[EIRP]_{E \cdot S}$,上行链路传输损耗为 L_U,卫星转发器接收天线的增益为 G(G 为计入了馈线损耗的有效天线增益),带宽为 W,T 为卫星转发器输入端的等效噪声温度,则卫星转发器接收机输入端的载噪比为

$$[C/N]_U = [EIRP]_{E \cdot S} - [L_U] + [G/T]_S + 228.6 - 10\lg W \qquad (4\text{-}32)$$

由于载噪比是带宽的函数,所以这种表示方法缺乏一般性,对于不同带宽的系统不便于比较,所以常用载波功率和等效噪声温度之比 C/T 表示,则

$$[C/T]_U = [EIRP]_{E \cdot S} - [L_U] + [G/T]_S \qquad (4\text{-}33)$$

上面讲的是卫星转发器只放大一个载波的情况。在频分多址系统中,一个转发器要放大多个载波。为了抑制交调引起的噪声,需要使总输入信号功率从饱和点减少一定的数值。通常行波管放大单个载波的饱和输出电平与放大多个载波时工作点的总输出电平之差称为输出补偿,而把放大单个载波达到饱和输出时的输入电平与放大多个载波时工作点的总输入电平之差称为输入补偿。由于进行输入补偿,因而各个地球站所发射的 $[EIRP]$ 的总和将比单载波工作使转发器饱和时地球站所发射的 $[EIRP]$ 要小一个输入补偿 $[BO]_i$。假设以 $[EIRP]_{E \cdot S}$ 表示转发器在单载波工作时地球站的有效全向辐射功率,那么载波工作时地球站的有效全向辐射功率总和 $[EIRP]_{E \cdot M}$ 应为

$$[EIRP]_{E \cdot M} = [EIRP]_{E \cdot S} - [BO]_i \qquad (4\text{-}34)$$

所以多载波工作时,其载噪比为

$$[C/N]_U = [EIRP]_{E \cdot S} - [L_U] + [G/T]_S + 228.6 - 10\lg W - [BO]_i \qquad (4\text{-}35)$$

4.4.2 下行链路载噪比

在计算下行链路载噪比时,卫星转发器为发射系统,地球站为接收系统。载噪比与式(4-35)相似

$$[C/N]_D = [EIRP]_{S \cdot S} - [L_D] + [G/T]_E + 228.6 - 10\lg W - [BO]_o \qquad (4\text{-}36)$$

式中:$[EIRP]_{S \cdot S}$ 为卫星转发器在单载波工作时的有效全向辐射功率;$[L_D]$ 为下行链路损耗;$[G/T]_E$ 为地球站品质因数;$[BO]_o$ 为输出补偿。所以载噪比为

$$[C/T]_D = [EIRP]_{S \cdot S} - [L_D] + [G/T]_E - [BO]_o \qquad (4\text{-}37)$$

4.4.3 卫星通信链路的总载噪比

卫星通信链路多载波时,其中上行热噪声包括卫星接收系统的内部噪声,而下

行热噪声包括地球站接收系统的内部噪声。如果是单载波工作,则不考虑互调噪声。卫星转发器收到的多载波信号可来自一个站,也可来自若干个站。

当信号与噪声的功率通过信道或者转发器后,虽然它们的绝对值会变,但是比值不变。此外,各种噪声功率是相加的,由于 k 是常量,在带宽相同的情况下,也就是等效噪声温度是相加的。设转发器接收机入口的载波功率为 C_2,上行热噪声与上行干扰噪声的等效噪声温度分别为 T_{U2} 和 T_{IU2},理想转发器的等效噪声温度为 T_{IM}。在转发器输出端,设该载波功率为 C_1,而 T_{U2} 和 T_{IU2} 分别变为 T_{U1} 和 T_{IU1},则有

$$\frac{C_2}{T_{U2} + T_{IU2}} = \frac{C_1}{T_{U1} + T_{IU1}} \tag{4-38}$$

加上互调噪声后,该点的载波与总的噪声温度比应为

$$\frac{C_1}{T_{U1} + T_{IU1} + T_{IM1}}$$

经过下行链路后,设该载波功率在 B 站接收机入口处变为 C,而 $T_{U1} + T_{IU1} + T_{IM1}$ 变为 $T_U + T_{IU} + T_{IM}$,而且

$$\frac{C_1}{T_{U1} + T_{IU1} + T_{IM1}} = \frac{C}{T_U + T_{IU} + T_{IM}} \tag{4-39}$$

加上下行热噪声和下行干扰影响后,该处的载波功率和总的等效噪声温度之比 $[C/T]_T$ 为

$$[C/T]_T = \frac{C}{T_U + T_{IU} + T_{IM} + T_D + T_{ID}} \tag{4-40}$$

或

$$\left[\frac{C}{T}\right]_T^{-1} = \left[\frac{C}{T_U}\right]^{-1} + \left[\frac{C}{T_D}\right]^{-1} + \left[\frac{C}{T_{IM}}\right]^{-1} + \left[\frac{C}{T_I}\right]^{-1} \tag{4-41}$$

式中,$T_I = T_{IU} + T_{ID}$。

4.4.4 阈值备余量和降雨备余量

1. 阈值备余量

在讲述上行、下行链路以及整个卫星通信链路的载噪比时,都没有考虑降雨、设备性能稳定度等因素。为此必须选择传输链路的参数,使得到的 $[C/T]_T$ 适当大于阈值 $[C/T]_{TH}$,也就是对 $[C/T]$ 留有适当的备余量,这就叫作阈值备余量,用 $[E]$ 表示,即

$$[E] = [C/T]_T - [C/T]_{TH} \quad (\text{dB}) \tag{4-42}$$

2. 降雨备余量

降雨不仅引起电信号的损耗,而且要产生噪声。降雨对下行链路的载噪比影响远比上行链路的显著,因为地球站接收机的等效噪声温度总是相当低的,只要天线仰角不是很低,则总的等效噪声温度就比较低。而降大雨时,仰角为 $10°$ 工作的

降雨噪声温度可达 $40\sim50$ K,影响就相当显著了,所以降雨损耗以及噪声对 $[C/T]_D$ 影响较大。上行链路情况与此不同,卫星接收系统的等效噪声温度一般在 1000 K 左右。因为卫星天线对准地球,地球平均噪声温度就达到了 254 K,且卫星上采用的隧道二极管或晶体放大器的噪声温度达到 $600\sim700$ K。当监控站发现卫星行波管的输入功率达不到规定值时,就可指令地球站调整其发射的 $[EIRP]$,所以降雨损耗及噪声对 $[C/T]_U$ 的影响相对就小得多。故系统设计中降雨备余量是针对 $[C/T]_D$ 提出的。其含义是:降雨时下行链路可容许恶化多少倍或者说应有多大余量,才能使卫星通信链路总的 $[C/T]$ 仍然保持在阈值水平以上。

假设正常工作时,有

$$\left[\frac{C}{T}\right]^{-1} = \left[\frac{C}{T}\right]_D^{-1} + \left[\frac{C}{T}\right]_U^{-1} + \left[\frac{C}{T}\right]_{IM}^{-1} + \left[\frac{C}{T}\right]_I^{-1} \tag{4-43}$$

降雨时,$[C/T]_D$ 变为 $[C/T]_D \cdot \left(\dfrac{1}{m}\right)$,则有

$$\left[[C/T]_D \cdot \left(\frac{1}{m}\right)\right]^{-1} + \left[\frac{C}{T}\right]_U^{-1} + \left[\frac{C}{T}\right]_{IM}^{-1} + \left[\frac{C}{T}\right]_I^{-1} = \left[\frac{C}{T}\right]_{TH}^{-1} \tag{4-44}$$

这样,降雨备余量就为

$$[M] = 10\lg m = 10\lg\left[\frac{\left[\dfrac{C}{T}\right]_{TH}^{-1} - \left(\left[\dfrac{C}{T}\right]_T^{-1} - \left[\dfrac{C}{T}\right]_D^{-1}\right)}{\left[\dfrac{C}{T}\right]_D^{-1}}\right] \tag{4-45}$$

3. 阈值备余量与降雨备余量的关系

定义 r 为折算到地球站接收机输入端的上行噪声、互调噪声和其他干扰噪声之和与下行噪声功率之比,也是噪声温度之比,即

$$r = \frac{T_U + T_{IM} + T_I}{T_D} = \frac{\left[\dfrac{C}{T}\right]_T^{-1} - \left[\dfrac{C}{T}\right]_D^{-1}}{\left[\dfrac{C}{T}\right]_D^{-1}}$$

可得阈值备余量与降雨备余量的关系为

$$E = \frac{m + r}{1 + r} \tag{4-46}$$

降雨备余量一般大于阈值备余量,当 r 大的时候更为明显。还应指出,阈值备余量和降雨备余量均与输入补偿有关。

参考文献

[1] 刘少武.卫星通信的近期发展与前景探究[J].中国新通信,2020,22(4):33.

[2] 宋传志.卫星移动通信发展现状与未来发展研究[J].科技创新导报,2020,17(9):

121-122.

[3]　宋奕辰,徐小涛,宋文婷.国内外卫星移动通信系统发展现状综述[J].电信快报:网络与通信,2019,(8):37-41.

[4]　纪明星.天通一号卫星移动通信系统市场及应用分析[J].卫星与网络,2018,(4):42-43.

[5]　王贵祥.探索卫星通信技术的应用体会及未来趋势展望[J].通讯世界,2017,(9):66-67.

[6]　孙振家,张桐嘉,姬少杰,等.关于卫星通信技术和发展趋势探讨[J].中国新通信,2018,(3):34.

[7]　朱立东,吴廷勇,卓永宁.卫星通信导论[M].3版.北京:电子工业出版社,2009.

[8]　王丽娜,王兵,等.卫星通信系统[M].2版.北京:国防工业出版社,2014.

[9]　李志国,卫颖.卫星通信链路计算[J].指挥信息系统与技术,2014,5(1):73-76,82.

[10]　段召亮,范广伟,罗益.基于 Krylov 子空间的自适应陷波器设计[J].华中科技大学学报(自然科学版),2015,43(10):64-68.

[11]　唐成凯.星间链路非线性干扰消除关键技术研究[D].西安:西北工业大学,2015.

[12]　刘功亮,李晖.卫星通信网络技术[M].北京:人民邮电出版社,2015:30-48.

[13]　张沉思.高效低复杂度的双向放大转发中继传输技术研究[D].西安:西安电子科技大学,2015.

[14]　李荣生.MIMO 中继系统中传输与调度算法研究[D].北京:北京邮电大学,2015.

[15]　唐成凯,廉保旺,张玲玲.卫星通信系统双向中继转发自干扰消除算法[J].西安交通大学学报,2015,49(2):74-79.

[16]　黄胜祥.数据采集卫星星座与星地链路研究与设计[D].哈尔滨:哈尔滨工业大学,2015.

[17]　姜博宇.卫星通信中 LDPC 编译码研究与实现[D].绵阳:西南科技大学,2015.

[18]　刘剑飞,戎乾,王蒙军.一种 MIMO 中继系统的自适应自干扰消除方法[J].电讯技术,2016,56(10):1099-1102.

[19]　刘功亮,李晖.卫星通信网络技术[M].北京:人民邮电出版社,2015:1-6.

[20]　李崇轶.无线自组织网络的组成及特点[J].数字通信世界,2016(3):20-22.

[21]　汪然.基于开口谐振环的陷波超宽带天线设计[D].合肥:安徽大学,2016.

[22]　郑宇.MIMO 双向中继系统中的低复杂度传输策略研究[D].西安:西安电子科技大学,2017.

[23]　李军峰,刘进.一种 LEO-S 频段星地链路传输体制研究[J].现代导航,2017,8(2):122-126.

[24]　张婉丽.卫星通信链路设计方法与实例研究[J].无线互联科技,2017,(3):7-10.

[25]　汪钦柱.无定形扁平化自组网的自适应技术研究与设计[D].北京:北京邮电大学,2017.

[26]　巩玉林.全双工 MIMO 中继系统自干扰消除性能研究[D].南京:南京邮电大学,2017.

第5章

卫星与空间通信系统的多址方式

卫星与空间通信的优势之一就是覆盖面广、用户多、效率高。如何利用卫星的高度，实现一颗卫星服务更多的用户，提高卫星的使用效率，实现多址接入，是本章研究的主要内容。多址连接的基础是信号分割，发射端通过适当的信号设计使系统中各地球站所发射的信号各有差别，而各地球站接收端能从混合的信号中识别出本站所需信号。卫星与空间通信的寻址方式可根据基带信号类型、复用方式、调制方式、信道分配及交换的不同划分为不同卫星通信体制。

（1）基带信号形式：模拟或数字信源编码；

（2）调制方式：调频（FM）、相移键控（PSK）；

（3）多址方式：频分多址（FDMA）、时分多址（TDMA）、空分多址（SDMA）、码分多址（CDMA）；

（4）信道分配或交换制度：预定（PA）、按需（DA）或随机（RA）。

利用信号的频率、时间和空间的不同及波形、码型的正交性可实现有效的多址连接，但各种分割都有技术上的局限性：通信频带的使用是有限的，时间的分割与占用的频带有关，时隙越小，所需频带越大；卫星波束所覆盖的范围不能无限分割；能有效使用的地址码是非常有限的。

在卫星与空间通信中，与多址连接方式密切相关的是信道分配问题。信道分配也是卫星通信体制的一个重要组成部分，与基带复用方式、调制方式和多址连接方式相结合，共同决定转发器和各地球站的信道配置、信道工作效率、线路组成、整个系统的通信容量，以及对用户的服务质量和设备复杂程度等。本章将对用于卫星通信的多址连接方式和信道分配方式进行介绍。

5.1　频分多址

频分多址是指在多个地球站共用卫星转发器的通信系统中，将卫星转发器的可用频带分割成若干个互不重叠的部分，分配给各个地球站使用，以此来区分地球站地址的多址连接方式。

　　FDMA 是卫星通信系统中普遍采用的一种多址连接方式,在这种卫星通信系统中,每个地球站向卫星转发器发射一个或者多个载波,每个载波具有一定的频带。为了避免相邻载波之间的互相重叠,各载波频带之间设置一段很窄的保护频带。卫星转发器接收其频带内的所有载波,将它们放大后再发送回地面。被卫星天线波束覆盖的地球站能够有选择地接收某些载波,这些载波携带着地球站需要的信息。

　　在 FDMA 方式中,每个地球站传送多路信号时有两种方法:一种是给每个话路分配一个载波,称为每载波单路(SCPC)方式;另一种是给多个话路分配一个载波,称为每载波多路(MCPC)方式。在第二种方式中,把各话路信号先进行多路频分复用(FDM),然后对中频(70 MHz)载波进行调频(FM)(或调幅(AM))调制,最后经上变频器将频率变换到指定的微波频率上。因此,经卫星转发的每个载波所传送的是多路信号。

　　为了使卫星天线波束覆盖区域内的各地球站建立 FDMA 通信,可以采用两种多址连接方法。一种方法是每个地球站向其他各地球站均分别发射一个不同频率的载波,如果有 n 个地球站,则每个地球站发向卫星的载波数为 $n-1$ 个,n 个地球站同时发向卫星发射的载波数将为 $n(n-1)$ 个。因此,发射地球站和转发器的功率放大器因非线性而产生的交调噪声(两个不同频率的信号相加后输入非线性放大器而产生的混合频率)将是严重的,只有在地球站数目不多时才会采用这种方式。另一种方法是把一个站要发送给其他各站的电信号分别复用到基带的某一指定频段上,而后调制到一个载波上。其他各站接收时经解调后用带通滤波器只取出与本站有关的信号。这样每个地球站只发射一个载波,通过转发器的载波数就大大减少了,各载波之间均应有一定间隔,以容纳所要传送信号的频带,而且各个频带之间还应该保留一定的保护频带,以避免各站信号彼此干扰。

　　最早使用的 FDMA 方式是频分复用/调频/频分多址(FDM/FM/FDMA),它按频率划分,将各地球站发射的信号配置在卫星频带内指定的位置上。为了使各载波之间互不干扰,它们的中心频率必须有足够的间隔,而且要留有一定的保护频带。图 5-1 是 FDM/FM/FDMA 的示意图。$f_1, f_2, \cdots, f_K$ 是各站发射的射频频率,B 是卫星转发器频带,B_g 是保护频带带宽。这种方式是地面微波中继通信系统所用方式的引申。

　　FDMA 的优点是:技术成熟,设备简单,在大容量线路工作时效率较高。FDMA 的缺点是:多个载波会使转发器有效输出功率降低,产生互调噪声和串话,强信号对弱信号抑制;有效容量随着载波增多而急剧降低,并且大小站难以兼容,各站发射的功率必须保持稳定;要设置适当的保护频带,频率分配不灵活,重新分配比较困难;卫星的频带和功率资源是有限的,当功率已被占用无余而频带还有一定的富裕,这样的卫星通信系统称为功率受限系统,反之称为频带受限系统;功放

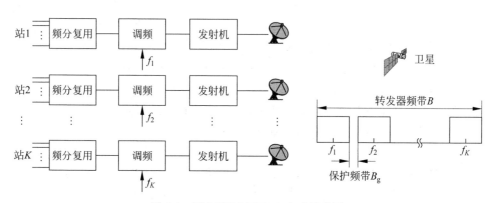

图 5-1 FDM/FM/FDMA 方式示意图

的非线性的影响；存在幅度的非线性和相位的调幅-调相变换作用。多载波输入时，输出要受到压缩；各载波功率不等时，小载波要受到大载波的抑制。

多载波输入会产生新的频率分量，如果这些分量落入信号频带内便形成干扰。输入信号频谱的低旁瓣分量由于非线性的作用，其输出可能增大。

5.2 时分多址

时分多址方式是一种按特定的或不同的时隙来区分各地球站站址的多址连接方式，该方式分配给地球站的不再是一个特定频率的载波，而是一个特定的时隙，其工作原理如图 5-2 所示。

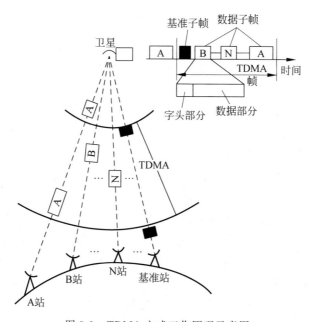

图 5-2 TDMA 方式工作原理示意图

在 TDMA 方式中,共用卫星转发器的各地球站使用同一频率的载波,在基准站发出的定时同步信号的控制下,在指定的时隙内断续地向卫星发射本站信号,这些射频信号通过卫星转发器时,在时间上是严格依次排列、互不重叠的。

在单载波单路按需多路复用(SCPC-DAMA)系统中实际上已经采用 TDMA 方式,在海事卫星中也采用 TDMA 方式。1985 年,INTELSAT 已开通 120 Mbit/s TDMA 方式。

一颗卫星通信系统的所有地球站的某一个时隙构成该卫星通信系统的一个时段,称为卫星的一个 TDMA 时帧。每个地球站所占用的时隙叫作分帧或数据子帧。为了使各分帧互不重叠,各地球站应有准确的发射时间。要确定各站准确的发射时间,必须建立系统共同的时间基准,称为系统定时。另外,各站为了准确地进入指定时隙,需要首先设法将自己的分帧引入,称为"初始捕捉"。当分帧引入时隙后,为了稳定工作,又需要对时隙进行不间断的跟踪,称为"分帧同步"。

TDMA 的主要特点:

采用数字制,可充分、方便、有效地利用各种数字技术;

在任何时刻都只有一个站发出的信号通过转发器,转发器工作在单载波状态,充分利用卫星功率而无互调,充分利用转发器的频带,不会产生弱信号受抑制问题,上行功率无需精确控制;

各站所发的码速率可以不同,便于大小站兼容,系统容量随站数增加而速度变慢。

TDMA 的主要问题:

需要精确地同步,保证各突发到达转发器的时间不发生重叠,接收站能正确识别站址,以及迅速建立载波和时间的同步。

5.3　空分多址

空分多址(SDMA)方式是根据各地球站所处的空间区域的不同而加以区分的。它的基本特性是卫星天线有多个窄波束,它们分别指向不同区域的地球站,利用波束在空间指向的差异来区分不同的地球站。卫星上装有转换开关设备,某区域中某一地球站的上行信号经上行波束送到转发器,由卫星上转换开关设备将其转换到另一个通信区域的下行波束,从而传送到该区域的某地球站,其工作示意图如图 5-3 所示。

一个通信区域内如果有几个地球站,则它们之间的站址识别还要借助于 FDMA、TDMA 或 CDMA 方式。

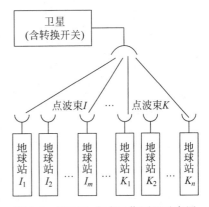

图 5-3　SDMA 方式工作原理示意图

卫星天线具有多个点波束,它们分别指向不同区域的地球站,利用波束在空间指向的差异来区分不同地球站。

SDMA 的主要特点:

卫星天线增益高,卫星功率可得到合理有效的利用;

不同区域地球站所发信号在空间上不重叠,可实现频率重复使用,扩大系统的通信容量;星上转换开关使卫星成为空中交换机,具有很大的灵活性。

SDMA 的技术难点:

对卫星的稳定及姿态控制提出很高的要求,卫星天线及馈线装置比较庞大和复杂,转换开关不仅使设备复杂,而且由于空间故障难以恢复,增加了通信失效的风险。

5.4 码分多址

码分多址(CDMA)方式是分别给各地球站分配一个特殊的地址码,以扩展频谱带宽,使各地球站可以同时占用转发器全部频带的发送信号,而没有发射时间和频率的限制(即在时间上和频率上可以互相重叠)。在接收端,只有用与发射信号相匹配的接收机才能检出与发射地址码相符合的信号。

CDMA 方式中区分不同地址信号的方法是利用自相关性非常强而互相关性比较弱的周期性码序列作为地址信息,对被用户信息调制过的载波进行再次调制,大大展宽其频谱;经卫星信道传输后,在接收端以本地产生的已知地址码作为参考,根据相关性差异对接收到的所有信号进行鉴别,从中将地址码与本地地址码完全一致的宽带信号还原为窄带而选出,其他与本地地址码无关的信号则仍保持或扩展为宽带信号而滤除,其工作示意图如图 5-4 所示。

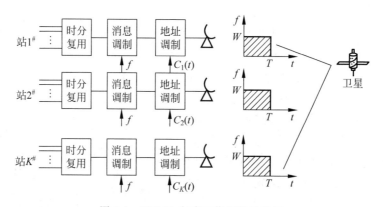

图 5-4 CDMA 方式工作原理示意图

各站所发信号在结构上各不相同并且相互具有准正交性,以区别地址。各站所发射的载波大都受到两种调制:基带信号调制和地址码的调制。地址码采用较

多的是 m 序列伪随机码,Gold 码。码分多址有两种不同的体制,分别是直接序列扩频(DS-CDMA)和跳频扩频(FH-CDMA)。

CDMA 的优点:具有较强的抗干扰能力,有一定的保密能力,改变地址比较灵活。

CDMA 的缺点:需要占用很宽的频带,频带利用率较低,要选择足够的可用地址码比较困难,对地址码的捕获和同步需要一定的时间。

由于 CDMA 具有许多独特的优点,在移动通信中正得到日益广泛的应用。在移动通信中使用的 CDMA 主要分为两种。

(1) 窄带 CDMA,信道带宽通常在 1~5 MHz,美国 Qualcomm 公司提出的窄带 CDMA 方式的信道带宽为 1.25 MHz,1S-95 采用的就是窄带 CDMA。

(2) 宽带 CDMA,信道通常占用较宽的频带,如 10 MHz,美国金桥公司(GBT)等提倡这种方式。目前,第三代移动通信系统也采用宽带 CDMA 方式。由于 CDMA 方式多普勒频移问题不是很严重,信道保护带对频带利用率的影响也不很突出。在高轨道卫星(HEO)、中轨道卫星(MEO)和低轨道卫星(LEO)系统均可使用 CDMA 方式。

5.5 ALOHA 随机多址通信方式

本质上仍为 TDMA 方式,适用于各种数据率、不同长度、随机发生的数据的传输和交换,在 SCPC/DAMA 系统中用作公用信令通道,在 VSAT 系统中用于入向通道。

1. 纯 ALOHA(pure-ALOHA,P-ALOHA)方式

它是一种完全随机的多址方式,全网不需要定时和同步,用户终端根据其需要向公用信道发送数据分组,并以这种方式来竞争信道。若干地球站共用一个卫星转发器的频段,各站在时间上随机地发送数据组,若发生碰撞,则延迟一段时间后重复,碰撞的两个站时延不同。

2. 时隙 ALOHA(slotted-ALOHA,S-ALOHA)方式

它是一种同步的随机多址方式,系统以转发器输入端的时间为参考点,按照时间顺序分成许多等间隔的时隙,把各终端发送的信息包一一对应地放入各自的时隙里,时隙的定时按系统时钟来决定,各地球站的发送控制设备必须与该时钟同步。各站发送的数据组必须落入某时隙内(不是完全随机的),因此碰撞概率减小,但全网需要定时和同步,且各个数据分组,长度固定。

3. 预约 ALOHA(R-ALOHA)方式

它是在 S-ALOHA 的基础上考虑到系统内各地球站业务量不均匀而提出的改进型,其目的是为了解决长、短报文的兼容,以防止像 P-ALOHA 或 S-ALOHA 方

式把长报文分成许多个信息包,然后一一发送出去,解决传输时延过长的弊病。其基本原理是：对于发送数据量较大的地球站,在它提出预约申请后,将用较长的分组在预约的时隙进行发送。各站要求发长报文时,申请预约,分配给它一段时隙,对于短报文则使用非预约的时隙,按 S-ALOHA 方式进行传输,其典型例子是 ARPA 系统。

5.6 混合多址技术

将 FDMA、TDMA、CDMA 等多址方式的两种或多种结合使用,则可以形成混合多址方式,比较常用的有多频时分多址、多频码分多址、正交频分复用和载波成对多址接入等。

5.6.1 多频时分多址技术

多频时分多址(multi-frequency time division multiple access,MF-TDMA)是一种基于频分和时分相结合的二维多址方式,主要用于解决 TDMA 体制卫星通信系统扩容不方便和大小口径地球站混合组网能力的不足。

MF-TDMA 体制在保持 TDMA 技术优势的基础上,首先通过载波数量的扩展而使系统扩容方便,其次通过载波间不同速率的配置解决了大小地球站兼容的通信问题,因而成为国内外研究的热点并得到了广泛应用。MF-TDMA 卫星通信体制通过主载波和业务载波等通信载波配置,网内各站可分别支持网状组网通信或者星状组网通信,如图 5-5 所示。

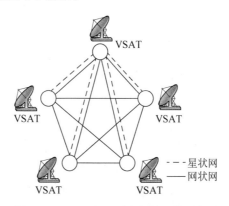

图 5-5 MF-TDMA 网内各站通信示意图

利用逐时隙载波跳变发送和接收、速率捷变和虚路由寻址等结合技术,可实现地球站间灵活组网,以及面向语音、数据、视频等综合业务的点对多点通信。MF-TDMA 方式通过在多个载波中设置不同载波速率的方式,可支持多种类型地球站间的混合组网通信。MF-TDMA 体制的实现方式主要有三种：发送载波时隙跳变、接收载波固定(发跳收不跳);发送载波不变,接收载波时隙跳变(收跳发不跳);发送载波和接收载波都时隙跳变(收发都跳)。MF-TDMA 系统规划流程如图 5-6 所示。

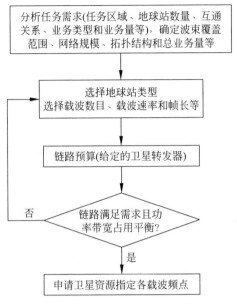

图 5-6　MF-TDMA 系统规划流程

1. 发跳收不跳 MF-TDMA 系统

系统将所有地球站按分组进行划分,一组由多个站构成,并为每个组分配一个固定的接收载波,通常称为值守载波。地球站间进行通信时,发送站将突发信号发送到对端站值守载波上,发送站根据对端站所处的值守载波不同而在不同的载波上逐时隙跳变发送信号。图 5-7 给出了发跳收不跳模式下的示意图,图中站 1、站 2 的值守载波为 f_1,站 3、站 4 的值守载波为 f_2,所有站都在 f_1 上接收参考突发和发送申请突发,在各自值守载波上接收数据突发。

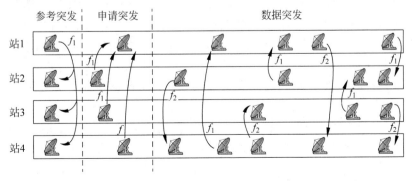

图 5-7　发跳收不跳 MF-TDMA 示意图

系统中存在多种天线口径的地球站时,如 0.6 m 站、1.2 m 站、1.8 m 站等,一般在分组划分时将能力相近的站分在一组内。为每个组配置载波速率时,必须考虑本组内地球站的收发通信能力。因此,在由大口径地球站、小口径地球站构成的多类站型混合组网时,大口径站配置的值守载波最高速率取决于小口径站发送和大口径站接收能力,而小口径站配置的值守载波最高速率取决于小口径站本身的自发自收能力。

2. 收跳发不跳 MF-TDMA 系统

系统同样将所有地球站进行分组,并为每组站分配一个固定的发送载波。与对端站通信时,发送方在自己固定载波的指定时隙位置发送,接收方根据发送方的载波不同而逐时隙跳变接收。

多类型站混合组网通信时,大口径站配置的固定发送载波最高速率取决于大口径站发送和小口径站接收的能力,而小口径站配置的值守载波最高速率取决于小口径站本身的自发自收能力。与发跳收不跳组网方式相比,收跳发不跳系统大口径站的最高发送载波速率高于发跳收不跳系统的大口径站最高接收载波速率,而小口径站的发送和接收载波最高速率相同,因此,从多类站型混合组网的系统容量方面比较,收跳发不跳 MF-TDMA 优于发跳收不跳系统。

3. 收发都跳 MF-TDMA 系统

地球站发送和接收突发信号都可根据所处载波的不同而跳变。不同于发跳收不跳和收不跳发跳系统,地球站间不再进行分组。为两个通信站间分配载波和时隙基于双方收发能力进行分配,可以根据其不对称传输能力而分配不同载波上的时隙。

收发都跳 MF-TDMA 系统既具备 FDMA 体制的系统特点,也具备 TDMA 体制的系统特点。信道资源分配以时隙为基本单位,一个突发内仅携带去往一个站的信息分组。既支持类似干线的点对点通信,也支持点对多点的组网通信。可实现以业务为驱动的载波、时隙信道资源分配,最大限度地发挥地球站收发通信能力,特别适合于大小天线口径地球站混合组网通信。

帧结构设计同样包括参考时隙、申请时隙、测距时隙和数据时隙。地球站根据自己的能力和帧计划可在任一载波的任一时隙跳变发送和接收相应突发信号。图 5-8 是站 A 发送、站 B 接收占用载波时隙示意图,随着两站间业务量的增大,两站间可等效占用一对载波进行通信。

为了获得高信道分配率,需要合适的动态信道分配算法。信道可用二维进行标识:载波频率和时隙,如图 5-9 所示。调制解调器在某一时刻只能在一个载波频率的时隙发送和接收数据。地球站可在任一载波给定时隙发送和接收数据,某个正在收发数据的站可逐时隙从一个载波跳到另一载波上。信道分配存在一个约束即每个站占用(发送或接收)的时隙数总和最多等于载波的时隙数,但可分布在多个载波上。随着业务变化,信道需要按需动态分配。动态分配过程中需要研究合

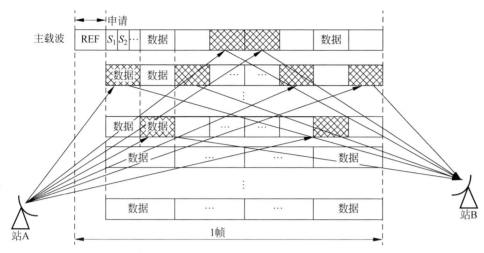

图 5-8 收发都跳 MF-TDMA 帧结构示意图

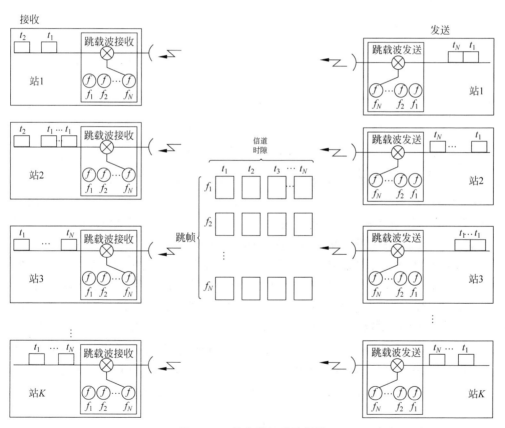

图 5-9 二维信道组成示意图

适的算法减少信道失配,即使存在足够的空闲信道且收发站都有足够的未用时隙,空闲信道还是不能分配给新来的呼叫。理论上通过适时地为正在进行的通话重新分配信道总能消除信道失配状态。

就消除信道失配状态而言,信道再分配问题类似于多级交换网络中的信道再配置问题。系统从逻辑上可等同于一个 4 级网络,如图 5-10 所示。第 1 级和第 4 级分别对应发站和收站,第 2 级和第 3 级分别对应发送和接收用时隙。还有一个假定的中间级,因为发送呼叫的时隙和接收呼叫的时隙为同一时隙,该中间级无交换功能。

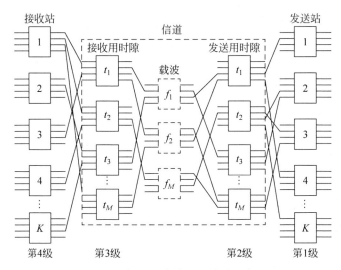

图 5-10 与 4 级交换对照关系示意图

MF-TDMA 体制在多点组网应用上有很强的优势。MF-TDMA 卫星通信技术能够利用 C、Ku 和 Ka 等多种频段的透明转发器,构建针对不同规模的应用系统,为用户提供综合业务的网状和星状通信应用,在组织各类大地域的集团用户网络和专用数据通信应用等方面具有较高的应用价值。

MF-TDMA 技术体制是 20 世纪 90 年代后在 TDMA 方式体制的基础上发展起来的一种新型宽带 VAST 网技术体制,近十年的发展又将 MF-TDMA 方式体制与地面网的分组交换技术相结合,使该系统实现起来更加方便。其产品中 SKYWAN 系统(NDSATCOM)的 modem 符号速率可达 64 kbit/s 至 5 Mbit/s 逐比特率可变;VSATPlus Ⅱ(polarsat)的 modem 符号速率可达 256 kbit/s 至 10 Mbit/s,16 kbit/s 步进;LINKWAY 2000/2100(VIASAT)的 modem 符号速率为 5/2.5/1.25 Mbit/s,625/312.5 kbit/s 可选。

5.6.2　多频码多分址技术

多频码分多址(multi-frequency code division multiple access,MF-CDMA)

方式可以认为是 FDMA 和 CDMA 多址技术的结合应用。MF-CDMA 并行使用多个 CDMA 载波。从频域看,不同载波被保护带宽 B 隔离,通常 MF-CDMA 需要的保护带宽比 MF-TDMA 要小些,如图 5-11 所示。

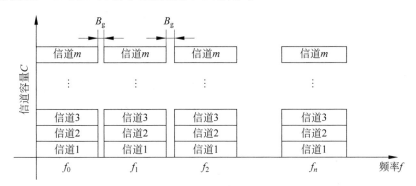

图 5-11　MF-CDMA 频域示意图

每个载波需要采用扩频调制,可以利用不同的伪随机序列在相同载波内划分为不同的信道,用以区别不同的用户,当每个载波中伪随机序列的数量无法满足用户接入需求时,则采用增加载波的方式进行扩展,同时伪随机序列可以在载波间复用。

全球星系统(Globalstar)就是一个使用 MF-CDMA 的系统,利用 48 颗卫星和每颗卫星上的 16 个点波束,按照 CDMA 系统相邻波束可使用同一组频率的方式对可用频带进行复用。在每个波束内将 16.5 MHz 可用频带划分为 13 条带宽为 1.25 MHz 的 CDMA 信道,每个 CDMA 载波的码片速率为 1.2288 Mchip/s。

MF-CDMA 还可以与 TDMA 多址方式结合应用,进一步增加应用的灵活性,即对每个载波再划分时隙,不同的时隙可以分配给不同的用户,TD-SCDMA 即采用类似的多址方式。信道使用方式如图 5-12 所示。

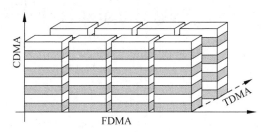

图 5-12　MF-CDMA 结合 TDMA 应用示意图

5.6.3　正交频分多址技术

正交频分多址(orthogonal frequency division multiple access,OFDMA)技术是正交频分复用(OFDM)和 FDMA 技术相结合形成的多址接入方式,通过将可用子载波总数的一部分分配给用户来实现多用户的接入。在分离各个用户信道方面,FDMA 通过带通滤波器实现,因此各个信道间需要设置保护间隔;而在 OFDMA 中,由于各子载波相互正交,所以可采用快速傅里叶变换(FFT)技术来处理,这样就省去了 FDMA 中相对较大的保护频带,从而提高了信道利用率。

按照对各子载波使用方式不同,OFDMA 技术可分为子信道(sub-channel) OFDMA 和跳频 OFDMA。

1. 子信道 OFDMA

子信道 OFDMA 即将整个 OFDM 系统的可用子载波分成逻辑组,每一组称为一个逻辑子信道。每个子信道包括若干个子载波,分配给一个用户。逻辑子信道是分配给用户的最基本单元,即一个用户可以使用一个子信道也可以使用多个子信道,这样就可以根据需要灵活地满足用户不同的比特速率要求。

OFDM 子载波可以按两种方式组成子信道,即集中式(localized)和分布式(distributed)。

(1) 集中式。也称为块状的(block)或子带的(sub-band),即构成子信道的子载波是相邻连续的,将连续子载波分配给一个用户(如图 5-13 中子信道 1 所示),这种方式下系统可以通过频率调度选择较优的子信道进行传输,从而获得多用户分集增益。另外,集中方式可以降低信道估计难度。但这种方式获得的频率分集增益较小,用户平均性能略差。

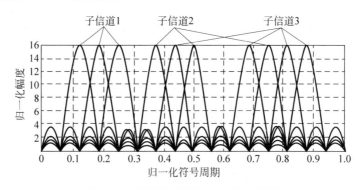

图 5-13　子信道 OFDMA 频域示意图

(2) 分布式。也称为交织的(interleaved),即构成子信道的子载波可以不相交。而是分散到整个带宽(如图中子信道 2、子信道 3 所示),各子信道的子载波交织排列,从而获得频率分集增益,但这种方式下信道估计较为复杂,抗频偏能力也较差。

2. 跳频 OFDMA

跳频 OFDMA 系统中,分配给一个用户的子载波资源快速变化,如图 5-14 所示(以每用户单个子载波为例)。与子信道 OFDMA 不同,这种子载波的选择通常不固定,不依赖信道条件,而是随机抽取。在下一个时隙,无论信道是否发生变化,各用户都跳到另一组子载波发送,但用户使用的子载波不冲突。跳频的周期可能比子信道上 OFDMA 的调度周期短得多,最短可为 OFDM 符号长度。

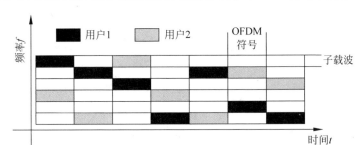

图 5-14 跳频 OFDMA 频域、时域二维示意图

5.6.4 平行载波多址接入技术

平行载波多址接入(paried carrier multiple access,PCMA)技术是由美国 Vhaat 公司的 Mark Dankberg 在 1998 年首次提出的。对于 PCMA 系统,通信双方用户终端可以同时使用完全相同的频率/时隙/扩频码,采用 PCMA 技术可以大大节省空间频率资源,同时还可以防止第三方对双方通信信号的截获,使安全保密性更强。

PCMA 主要针对的是采用透明转发器并且信号可自环(每个终端发出的信号可以被包括它本身在内的任何一个终端接收到)的双向卫星通信系统。每个卫星终端发送一个上行信号,同时从另一个终端接收一个下行信号。因此,每一方收到的下行信号是双方通信信号的叠加。由于每个终端都可以确切地知道自身所发送的上行信号,而且也确切地知道该信号的转发、处理过程,所以该终端完全可以对自己发送转发回的下行信号进行估计,并从叠加的信号中抵消滤除,从而正确恢复出对方发来的信号数据。

从图 5-15 可以看出,在采用 PCMA 技术的卫星通信系统中,每个终端都接收到一个复合的下行链路信号。它包括对端发来的有用信号和该终端本身上行信号经过卫星转发后的无用信号,并且这两个信号在频率、时间或码字上(取决于多址方式)是重叠的。为了将无用的自发信号从复合信号内除去,必须准确估计链路参数。这些参数主要包括信号的幅度、频率漂移、多普勒频移、传播时延、未知的载波相位和定时等。任何一个终端的下行链路参数都不能估计得非常准确,因为实际上不可能完全从复合信号中去除其本身下行信号的影响,但通过信道参数估计,可以把影响减小。

在实现方式上,PCMA 调制解调器是核心,与常规的卫星调制解调器相比,PCMA 调制解调器需要几个额外的处理单元,包括如下几点。

(1)自我信号估计模块。用于从混合的下行链路信号中提取自我信号的参数。

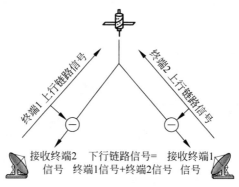

图 5-15　PCMA 原理示意图

（2）时延、频率、相位和增益调整模块。用于校准本地产生的删除信号的参数，使之与下行链路的信号参数相一致。

（3）调制与滤波模块。用于补偿上行与下行链路的滤波器效应。这些功能模块的物理实现取决于实际所使用的卫星调制解调器。基于 DSP、PCMA 技术可以完全用软件实现。

PCMA 可结合基本多址方式（FDMA、TDMA 和 CDMA），也可以采用多种组网模式，如 DVB-S2/TDMA 系统、TDM/SCPC 系统和点对点 SCPC 系统等。

此外，PCMA 分为对称和非对称两类：对于 PCMA 通信双方信号所占带宽和信号功率近似或者相同的，称为对称载波成对复用；对于 PCMA 通信双方的带宽和功率相差很大的情况，称为非对称载波成对复用（asymmetric paired carrier multiple access，APCMA）。PCMA 适用于网状网络结构，APCMA 适用于星状网络结构。

参考文献

［1］ LIU Y，WANG Y，JIAO Y，et al. A survey of multiple antenna technology in space-based information transmission［J］. Telecommunication Engineering，2020，60（3）：350-357.

［2］ LEI D. Implementation of carrier compensation mode in satellite communication channel ［J］. Communications Technology，2020，53（2）：273-278.

［3］ WU S，GUAN Q，MIAO Z. A new class of LT-based UEP rateless codes for satellite image data transmission［J］. Procedia Computer Science，2020，171：2073-2079.

［4］ VOJCIC B，PICKHOLTZ R，MILSTEIN L. Performance of DS-CDMA with imperfect power·control operating over a low earth orbiting satellite link［J］. IEEE Journal of SAC，1994，12（4）：560-567.

［5］ KOHNO R，MEIDAN R，MILSTEIN L. Spread spectrum access methods for wireless communications［J］. IEEE Communications Magazine，1995，31（1）：58-67.

［6］ MAGILL D，NATALI F，EDWARDS G. Spread-spectrum technology for commercial applications[J]. Proceedings of IEEE,1994,82(4): 572-584.

[7] KENSINGTON P B,BENNETT D W. Linear distortion correction using a feedforward system[J]. IEEE Transactions on Vehicular Technology,1996,45(1): 74-81.

[8] POTHECARY N. Feedforward linear power amplifiers[M]. London: Artech House,1999.

[9] CAVERS J K. Adaptation behavior of a feedforward amplifier linearizer [J]. IEEE Transactiom Oil vehicular Technology,1995,44(1): 31-40.

[10] KENINGTON P B,WARR P A,MLKINSON R J. Analysis of instability in feedforward loop[J]. Electronics Letters,1997,33(20): 1669-1671.

[11] MITCHELL P D,TOZER T C,GRACE D. Effective medium access control for satellite broadband data traffic[C]. IEE Seminar on Personal Broadband Satellite,2002,2: 1-7.

[12] PRATT T,BOSTIAN C,ALLNUTT J. Satellite communications[M]. 2nd ed. New York: John Wiley and Sons Inc. ,2003.

[13] 3GPP TS 25. 104,V5. 8. 0 (2003-12) [S]. Base Station (BS) radio transmission and reception(FDD)(Release 5).

[14] CALEB H. FCC OKs lower orbit for some Starlink satellites [N]. Space News,26 April 2019.

[15] MICHAEL B. With Block 5,SpaceX to increase launch cadence and lower prices [EB/OL]. NASASpaceFlight. com. 2018-05-17.

第6章

卫星与空间通信协议及典型系统

随着全球网络化、信息化需求的不断发展,地面通信网络已不能满足人们日益增长的信息获取和传输需求,卫星通信网络开始得到业内人士的关注。虽然地面网络日新月异地迅猛发展,但是由于在覆盖范围和建设维护成本等方面的局限性,它只能为经济发达、人口密集的城市地区提供宽带多媒体服务,而无法经济有效地服务于广大农村,以及人烟稀少和经济落后的地区。对于空中移动体、海上平台、极地和沙漠地区,地面网络更是无能为力。而卫星通信由于具有覆盖面积广、网络配置灵活、广播性能佳等特点,通过有效地空间组网,可以实现大跨度的信息传输,为全球无缝覆盖的通信服务提供可行途径。卫星通信网络还可以作为地面网络的备份,一旦地面网络发生拥塞或崩溃,就可以从卫星网络传送数据分组,大大提高通信网络的可靠性,对地震、雪灾等严重自然灾害情况下的应急通信具有特殊而重要的意义。此外,卫星通信网络可以为人类的空间探索活动提供必要的中继通道。相比于其他通信方式,卫星通信网络还具有更好的多播和广播能力,随着信息资源呈指数爆炸性增长,多播和广播方式是解决带宽资源不足的有效手段。随着航空航天技术、通信技术的发展及卫星载荷能力的提高,卫星通信网络有望支持越来越多的业务类型,越来越高的通信速率,越来越广的用户群体,在人们的生产生活、国家安全、空间科学探测等方面具有广泛的应用前景,蕴藏着巨大的经济效益和社会效益。

6.1　卫星与空间通信网络的体系结构

卫星通信的概念起源于英国雷达军官、著名科幻作家阿瑟·克拉克(Arthur C. Clarke)在 1945 年发表的文章《地球外的中继》(*Extra-Tenestrial Relay*),他在这篇被后人奉为"卫星通信奠基之作"的文章中提出,在距离地球球心约 42000 km 的对地静止轨道(geostationary Earth orbit,GEO)上放置三颗卫星来实现全球通信的设想,如图 6-1 所示。此后不久,卫星通信开始逐渐变为现实。

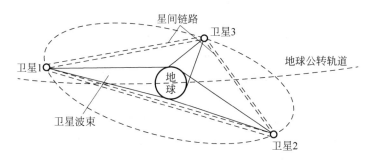

图 6-1　三颗静止轨道卫星实现全球通信的示意图

6.1.1　卫星通信系统的发展

GEO 卫星覆盖范围广、与地面站指向关系固定、传播时延固定,在早期的卫星通信系统中发挥了重要的作用,可以便捷地为地球上相距很远的两点之间提供中继通道。但是,由于轨道位置、高度,GEO 系统存在自身不能克服的缺点,主要表现在以下几个方面。

(1) 传播时延大。

两个地面站之间的往返时间(round trip time,RTT)大约为 550 ms,对语音、交互式视频等实时业务来说,这么大的时延是难以接受的。

(2) 信号衰减严重。

卫星通信信号的自由空间损耗与星地之间距离的平方成正比,对于 GEO 系统来说,信号衰减非常严重,需要在发射端采用大的发射功率来克服这一影响,同时,需要接收端具有较高的接收灵敏度。这就对天线尺寸提出了更高的要求,地面通信设备的小型化难以实现。

(3) 轨位资源受限。

由于 GEO 卫星必须部署在赤道上空 35786 km 处,而且卫星之间需要保持一定的最小空间角度间隔,因此可以利用的轨位资源有限。

(4) 不能覆盖两极地区。

由于 GEO 位于赤道上空,所以地面接收站的通信仰角会随着纬度的增加而显著下降,对于两极地区,则无法覆盖。

随着人们通信需求的不断提高,GEO 卫星系统的上述缺点逐渐显现出来,非静止轨道卫星通信系统开始得到关注。由于地球大气层和范艾伦电磁辐射带的影响,适合用于卫星通信系统的轨道范围包括 700～2000 km 高度的低地球轨道(low Earth orbit,LEO)和 10000 km 高度左右的中地球轨道(medium Earth orbit,MEO)。与 GEO 卫星相比,LEO 卫星的轨道高度大大降低,因此传播时延大大降低,大约在十几毫秒量级,可以在不经过回音抵消处理的情况下满足实时语音传输的需求,同时 LEO 卫星的传输衰减也显著下降,地面用户可以使用手持终端进行通信。

　　然而 LEO 卫星的缺点也是很明显的:根据开普勒第三定律,卫星轨道越低,其相对地面的运动速度则越快,这种快速运动不仅对卫星的跟踪带来了困难,而且将导致严重的多普勒频移,影响卫星信号的接收质量,甚至不能正常接收。轨道高度的降低意味着单星覆盖范围的下降,因此需要几十甚至几百颗卫星构成星座以实现全球覆盖。由于卫星之间、星地之间的拓扑结构不断变化,必然带来频繁的卫星切换和波束切换问题,以"铱星"(Iridium)系统为例,卫星切换平均每 10 min 一次,波束切换平均每 1~2 min 一次,因而系统的建设维护成本和技术复杂度均大大提高。此外,尽管 LEO 卫星的单跳传播时延远小于 GEO 卫星的,但是由于网络的动态性,端到端的时延抖动较为严重,对系统的服务质量带来了不利影响。现在应用和正在研究的 LEO 星座很多,除了 Iridium 系统之外,还有 Celestri、Globalstar、SkyBridge、Teledesic、GEstarsys、Faisat、Orbcomm 等几十个 LEO 系统。目前几十个国家都拥有自己的 LEO 星座计划,或民用或军用,卫星数目不等,大多采用星上处理和星间链路(inter satellite link,ISL)等先进技术,实现真正意义上的卫星网络。

　　与 GEO 和 LEO 卫星相比,MEO 卫星的特点是具有中等的覆盖面积、中等的星座卫星数量、中等的端到端时延和时延抖动、中等的传输衰减和中等的多普勒频移,近年来也逐渐得到了业内人员的关注。MEO 卫星位于内外两个范艾伦带之间的轨道上,星座一般由十几颗卫星构成,单颗卫星可视时间达 1~2 h。作为 GEO 和 LEO 卫星的折中,MEO 卫星双跳传输时延大于 LEO 卫星,但作为系统,考虑星间链路整个长度、星上处理和上下行链路等因素,MEO 星座的时延性能可能优于 LEO 星座的,而且满足 ITU-T 的建议 G.114 和 G.131 所描述的 400 ms 的语音通信最大传输时延要求,相对于 LEO 卫星,MEO 星座切换概率降低,多普勒效应减小,空间控制系统和天线跟瞄系统简化,一般能达到 $20.0° \sim 30.0°$ 通信仰角。研究和实验中的 MEO 卫星系统主要有 Odyssey、ICO(Inmarsat-P)、MAGSS-14. Orblink、Leonet 和 Spaceway 等。

　　如上所述,不同轨道高度的卫星都存在其局限性,随着人们对卫星网络传输可靠性、服务质量和覆盖特性需求的不断提高,单层卫星网络逐渐难以满足系统设计需求,不同轨道高度卫星组合在一起的多层卫星星座网络作为一种新的卫星网络拓扑形式被提出来。20 世纪 90 年代末期,包含星间链路的不同轨道卫星之间的通信研究提上日程,也提出一些混合型卫星网络的设想和计划。

　　休斯公司提出的 Spaceway 系统,计划用 16 颗 GEO 卫星和 20 颗 MEO 卫星组成网络。Motorola 公司的 Celestri 低轨系统计划引入 9 颗 GEO 卫星,13 颗 LEO 和 6 颗 MEO 卫星共同组成 Rostelesat 星座,另外 GESN、GNSS/Galileo 和 West 系统均由数目不同的 MEO 和 GEO 卫星构成。

图 6-2 分别给出了单星通信系统、非静止轨道单层卫星网络、多层卫星网络的示意图。

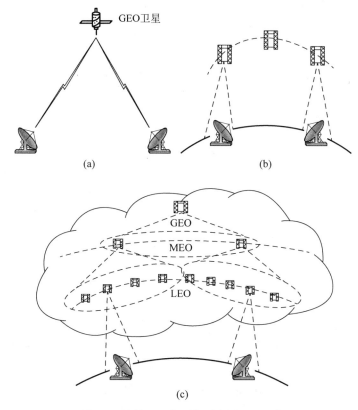

图 6-2　从单星通信系统到多层卫星网络

(a) 单颗 GEO 卫星组成的通信系统；(b) 非静止轨道单层卫星网络；(c) 多层卫星网络

6.1.2　VSAT 卫星通信网络

VSAT(very small aperture terminal)直译为甚小口径卫星终端站，所以也称为卫星小数据站(小站)或个人地球站(PES)，这里的"小"是指 VSAT 卫星通信系统中小站设备的天线口径小，通常为 0.3～1.4 m。VSAT 系统具有灵活性强、可靠性高、成本低、使用方便，以及小站可直接装在用户端等特点。VSAT 系统由一个主站及众多分散设置在各个用户所在地的远端 VSAT 组成，可不借助任何地面线路，不受地形、距离和地面通信条件的限制，主站和 VSAT 间可直接进行高达 2 Mbit/s 的数据通信。特别适用于有较大信息量和所辖边远分支机构较多的部门使用。VSAT 系统可提供电话、传真、计算机信息等多种通信业务。该系统由 288 颗近地卫星构成，每颗星由路由器通过激光与相邻卫星连接构成空中互联网。地面服务商接入网关站(双向 64 Mbit/s)，一般移动用户(下行 64 Mbit/s，上行

2 Mbit/s)直接与卫星连接接入。

VSAT 网络是由天线尺寸小于 2.4 m,G/T 低于 19.7 dB/K,设备紧凑、全固态化、功耗小、价格低廉的卫星用户小站,和一个枢纽站组成星状或网状的通信网,能够支持 2 Mbit/s 以下低速数据的单向或双向通信。

VSAT 系统中的用户小站对环境条件要求不高,不需要设在远郊,可以直接安装在用户屋顶,不必汇接中转,由用户直接控制通信电路,因而组网安装方便灵活。

VSAT 系统工作在 C 频段(6/4 GHz)或 Ku 频段(14/11 GHz),可以进行数据、语音、视频图像等信息的传输。

一般的 VSAT 系统具有以下特点:

(1) 通信链路费用与距离无关,政策允许可开通国际业务优势将更加明显;

(2) 远地分散的小站可以很方便地进入通信链路系统,安装、开通非常迅速方便;

(3) 数据、语音图像信道带宽动态分配;

(4) 主站对小站具有状况诊断配置能力;

(5) 无需本地环路连接;

(6) 网络扩充性好;

(7) 电路高度可靠;

(8) VSAT 端站接入速率可达 64 kbit/s,甚至更高可达 2 Mbit/s。

VSAT 远端站一般为低成本天线,口径采用 1 m(用于带主站的星状网)或 2 m(用于不带主站的网状网),采用固态功放 SSPA。多址接入技术包括 TDMA、TDM、CDMA、ALOHA,采用 QPSK 或 BPSK 调制,前向纠错编码(FEC)、卷积编码,解码用维特比译码或序列译码。

VSAT 的产品应用主要分布在以下领域。

(1) 金融系统。

信用卡验证结算、自动取款机、电子单据传输、银行内部业务管理网络。

(2) 证券期货交易市场。

上海、深圳证券股票交易所行情,国际外汇、黄金、大宗商品、现期货即时行情,国内商品交易所现期货即时行情传输及成交汇报,国际、国内最新政治经济动态、要闻、评述。

(3) 预定系统。

(4) 预警应急系统。

气象和地震预报、医疗抢救中心应急指挥。

(5) 办公自动化系统。

静态图像传输、新闻、广告、文稿发布、电话、电视。

(6) 商业零售系统,连锁商业网点数据交换。

(7) 自然资源开发,海洋资源(石油钻井平台岛屿开发等),石油管线监视控制。

（8）企业集团内部远端管理联网系统,总部-分支/分支-分支联网(局域网际远距离联接成广域网)。

（9）电子邮件网络系统。

传真、文件传送(如报刊、杂志版面传输)。

（10）电话网络系统、网状话音通信、可视电话。

6.1.3　TES 网状电话网络

电话地球站(telephone earth station,TES)网状电话网络借助单跳卫星传输线路提供灵活、有效的话音与数据通信。TES 兼容各种各样的电话设备及交换规程,具备通用交换网络的功能,能够将大量的远端用户连接起来。应用按需分配多路寻址(demand assigned multiple access,DAMA)和语音激活,获得最佳网络效率并节省成本,接口智能化,提高系统灵活性。TES 采用软件驱动的全智能化接口,用户可根据需求及用途灵活安排网络结构。网络内的各个连接点适应各种电话和计算机设备,如电话机、交换机及传真机。

TES 由以下部分组成。

室外设备：1.8 m 或 2.4 m 天线,C 频段或 Ku 频段固态射频终端。信道单元(CU)负责将全双工语音或数据基带信号变换为中频信号,并提供与射频终端的互连接口;网络控制系统(NCS)负责网络控制、故障诊断和排除;设备机架可容纳 6 个标准机箱,每机箱包括四线二线变换器、四个信道单元(高密机箱可容多达 14 个信道单元)、与射频终端相连的 70 MHz 电源调节器。

6.1.4　个人地球站

个人地球站所有网点采用高质量的数字通信,具有如下特点：

（1）采用小型天线(口径 1.0 m、1.2 m、1.8 m 和 2.4 m);

（2）增加远程终端或设备的端口数量即可方便地实现网络扩容,多种规程任选、支持多种类型终端通信;

（3）高效局域网互联功能;

（4）以按需分配技术合理使用卫星资源;

（5）网络管理系统——采用图形显示操作简便的智能工作站对网络实行集中管理。

6.2　TCP/IP 协议存在的问题及解决办法

在了解了基本的卫星与空间通信系统网络体系结构之后,本节主要针对网络拓扑及协议体系展开介绍。特别是对现在使用的传输控制协议/互联网协议

（TCP/IP），分析其优缺点以及探讨解决方法。

6.2.1　网络拓扑

卫星通信网络的体系结构可从网络拓扑结构和协议体系两方面阐述。

卫星通信网络的一种典型拓扑结构如图 6-3 所示。按照在网络中的位置，可以分为卫星接入网、卫星骨干传输网两大部分。卫星接入网实现地面、空中、海上各类用户终端到卫星网络的连接，也就是通常所说的业务。卫星骨干传输网由相同轨道高度的单层卫星星座或者不同轨道高度的多层卫星星座构成，通过星间链路完成通信业务在空间网络部分的路由、交换和传输过程。

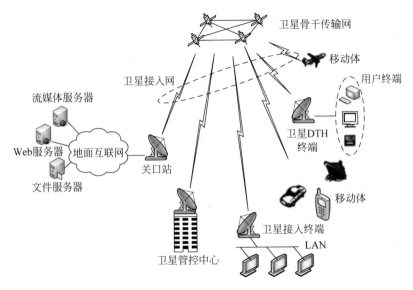

图 6-3　卫星通信网络拓扑结构

卫星通信网络的地面系统主要包括卫星管控中心、卫星关口站、卫星直接入户（direct to home，DTH）终端、卫星远程接入终端、手持终端、移动车载（机载、舰载）终端、可移动终端（野外通信）等。

关口站通过互联功能模块把卫星网络与地面互联网相连，完成星地协议转换、流量控制、寻址等功能，并能支持各种信令协议。卫星直接入户终端是专用卫星终端，卫星发来的数据通过 DTH 终端直接入户，从而为家庭用户终端提供与卫星通信网络的便捷接口。卫星远程接入终端主要用于稀路由地区，为小规模局域网提供远程互联网接入业务。移动终端和移动终端之间的前向反向信道都需要经过卫星手持终端。由于天线尺寸和功率受限，在目前技术条件下，一般适合于接收低速数据业务和语音业务。

6.2.2 协议体系

除了网络拓扑,卫星通信网络体系结构的另一方面是其协议体系。随着卫星通信和地面互联网的不断发展,卫星间、卫星与地面,以及地面各系统间信息的交叉传输不断增多,这就要求有一套统一、兼容、高效的协议体系作为通信保障。由于空间信道环境和拓扑结构的特殊性,在卫星通信网络中不能直接照搬地面互联网的协议标准。目前空间通信网络相关的协议体系主要有三种空间数据系统:空间数据系统咨询委员会(CCSDS)协议体系、DTN 协议体系、TCP/IP 协议体系。

1. CCSDS 协议体系

自 1982 年以来,由美国国家航空航天局(NASA)、欧洲空间局(ESA)等欧美空间机构组成的空间数据系统咨询委员会一直致力于研究天地各通信网络协议的统一与推广,其制定的协议标准(CCSDS 建议)有很多已成为国际标准化组织(ISO)的正式标准,被广泛应用于国际空间站中。

空间数据系统咨询委员会(Consultative Committee for Space Data Systems, CCSDS)是一个国际性空间组织,成立于 1982 年,主要负责开发和采纳适合于空间通信和数据处理系统的各种通信协议和数据处理规范。到 2014 年,参加该组织的有 11 个正式会员、28 个观察员和 140 个商业合作伙伴。11 个正式会员是意大利空间局(ASI)、英国国家空间研究中心(BNSC)、加拿大空间局(CSA)、法国空间研究中心(CNES)、德国航空航天研究院(DIR)、欧洲空间局(ESA)、巴西空间研究院(INPE)、美国国家航空航天局(NASA)、日本国家宇宙开发事业团(NASDA)、俄罗斯空间局(RCA)、中国国家航天局(CNSA)。国际上主要的航天机构均参加了该组织,为该组织各项技术活动的开展提供支持。CCSDS 推出了一系列建议和技术报告,内容涉及遥测、遥控、射频、调制、时码格式、遥测信道编码、轨道运行、标准格式化数据单元、无线电外测和轨道数据等,反映了当前世界空间数据系统的最新技术发展动态。业界预计,CCSDS 建议将不仅成为航天测控与通信领域的天基网标准,还有可能成为将天基 ISDN 与地基 ISDN 合在一起,构成 21 世纪全球的 ISDN 标准。

CCSDS 建议主要是针对航天器的测控任务而设计的,其网络层功能非常弱,无法实现空间节点之间的路由和交换,随着空间网络规模的不断扩大和空间应用需求的不断提高,CCSDS 建议的层次不清和网络层到应用层功能欠缺的弱点逐渐显现出来。在美国国防部(DoD)和 NASA 的联合资助下,CCSDS 规范了一套裁剪的互联网协议,使其适用于带宽受限、多节点的空间通信网络。这项工作称为空间通信协议组(space communication protocol specification,SCPS),包括文件协议(SCPS-FP)、传输协议(SCPS-TP)、安全协议(SCPS-SP)以及网络协议(SCPS-NP)。SCPS 以地面网络普遍应用的 TCP/IP 四层分层结构为模型,在局部兼容互联网基础上,为适应空间网络特性而进行了适当的剪裁与扩充。SCPS 最早服务于空间科研和军事应用,后来逐渐民用化,现已被录入 ISO。

SCPS 的四部分协议分别位于网络层、传送层与网络层之间、传送层和应用层。它们在底层协议(数据链路层、物理层)的支持下,构成完整的网络模型,实现包括星-地、星-星的端到端连接。

SCPS 在 CCSDS 数据链路协议(主要包括分包遥测(TM)、分包遥控(TC)、高级在轨系统(AOS)、Proximity-1 等具体协议)的基础上,完善了网络层到应用层的功能,支持空间多节点寻址、资源分配、流量控制、网络安全等功能,是空间通信协议的一个重大进展。然而,随着空间网络和地面互联网的同步发展,SCPS 在与地面互联网协议的兼容互通方面表现出较大的障碍,难以适应未来一体化网络的发展需求。

2. DTN 协议体系

2002 年,Intel 公司伯克利研究实验室凯文(Kevin Fall)等科学家提出一种称为"容延迟"(delay tolerant network,DTN)的新术语来描述解决受限网络问题所需的体系结构,并对 DTN 协议体系结构进行了重点描述,容延迟网络的体系结构基本确立。为了解决深空环境下的可靠传输问题,美国的喷气推进实验室(Jet Propulsion Laboratory,JPL)于 2002 年 12 月提交了一份支持 DTN 网络的协议草案 Licklider 传输协议(LTP),替代 IP 和 TCP。互联网研究专门工作组(Internet Research Task Force,IRTF)在星际网络(IPNRG)的基础上成立了容延迟网络研究组(Delay Tolerant Network Research Group),美国国防高级研究计划局(DARPA)也提出了"容断网络"(disruption tolerant network),侧重解决通信链路频繁中断情况下网络的通信问题,消除了由信道受到干扰、屏蔽等引起的消息丢失,将其作为其全球信息栅格网络(GIG)的重要组成部分。2007 年,NASA 决定正式采用 DTN 作为用于间断连通网络传送数据的新协议。

DTN 协议体系的核心思想是引入集束层(bundle 层,也称为束层、包裹层或捆绑层)作为连接不同受限网络的覆盖层,采用此覆盖的节点依靠发送称为"集束"的异步消息进行通信,所以 DTN 协议体系结构是一种面向受限网络的容延迟的、面向消息的覆盖层体系结构。DTN 协议体系中的 bundle 层是该体系的关键,位于传送层和应用层之间,是端到端面向消息的附加层。DTN 协议体系结构如图 6-4 所示。

DTN 协议体系特别适合于具有很长传播时延、链路频繁中断、信噪比低的深空通信环境,而对卫星通信网络来说,目前并未表现出应用 DTN 协议体系的迫切性和必要性。此外,DTN 的协议栈只是给出一个框架,具体协议还有待开发。从天地网络互联的角度来说,DTN 和地面互联网 TCP/IP 协议体系的兼容性也需要深入研究。

3. TCP/IP 协议体系

随着地面互联网的大规模发展,TCP/IP 协议体系已经在地面网络中得到了

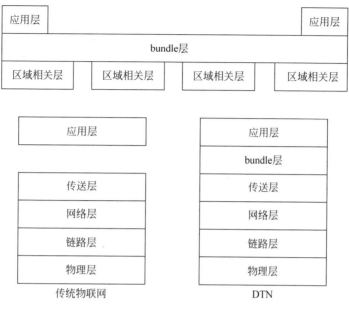

图 6-4　DTN 协议体系结构

广泛应用,成为当前及未来的主要网络传输技术。尽管空间信道环境和拓扑结构与地面互联网存在较大差异,但出于以下两方面考虑,将 TCP/IP 协议体系应用于新一代卫星通信网络成为国际上的主流倾向。

1)未来一体化网络融合的需求

从技术发展的趋势和用户需求来看,未来的卫星通信网络、地面互联网、移动网等将逐步实现一体化,为用户提供透明的信息服务。这就需要一个有效的技术手段来屏蔽各类网络之间的差异性。作为地面互联网的基础,TCP/IP 技术成为实现天地网络融合的最佳选择。

2)TCP/IP 技术的发展使之适应卫星通信环境

TCP/IP 最初是为固定网络设计的,并未专门考虑是否适应空间及无线移动网络的应用,但 TCP/IP 技术是一项开放的不断发展的技术,当前为扩大应用领域也正处于变革和演变阶段。人们不断研究如何修改、升级和完善 IP,使其能够用于各种通信环境中。TCP/IP 技术的发展,特别是在无线移动通信网络中的发展,使之逐渐适应卫星通信的需求,具体体现在以下几个方面。

(1)对移动通信的支持。卫星在飞行过程中要通过无线链路与其他节点通信,带来移动 IP 接入和切换问题。目前移动 IP 技术在地面无线移动网络中已经得到了深入的研究,在此基础上,许多学者提出了以 IP 为基础的卫星网络移动性管理方案。

(2)对服务质量(quality of service,QoS)的支持。传统的互联网只支持一种服务,即尽力而为的服务,显然不能满足人们对通信的需求。随着互联网的应用发展,要求网络提供更多类型的服务质量保障,尤其是对多媒体通信和移动环境的支持。为此提出了多种机制,如集成服务模型和差分服务模型、基于约束路由选择、多协议标签交换(MPLS)等机制。这些机制使 IP 技术能更好地适应卫星通信网络的需求。

(3) IPv6 的制定。第 6 版互联网协议(IPv6)是在总结第 4 版互联网协议(IPv4)的经验基础上发展起来的,继承了 IPv4 的优点,又融入了对新的功能的支持。与 IPv4 相比,它具有非常大的地址空间(128 位的地址,是 IPv4 的 296 倍),解决了 IPv4 地址短缺的矛盾。采用层次编址结构,减少了路由选择表的尺寸简化协议头的固定字段,允许路由器更快地处理分组提供网络层的安全支持、定义流标记和流量类型字段,提供对服务质量的支持定义多种多播地址,提供更强的多播支持地址自动配置,对移动 IP 提供更好的支持。

(4) 卫星 TCP 技术的发展。TCP 最初是为有线网络设计的,它是目前互联网中最广泛使用的传输层协议,为应用提供可靠的、端到端的通信服务。当 TCP 直接应用于卫星通信时,卫星链路的长传播时延、较高误码率、带宽非对称等特性会对 TCP 的拥塞控制机制和差错控制机制的性能产生很大的影响,从而降低了网络的整体性能。针对卫星网络的特殊环境,研究人员已经提出了很多改进卫星 TCP 性能的方案,设计思想主要有两点:一是如何削弱卫星链路对 TCP 不利的特点,或者使协议看不到这些特点;二是如何修改 TCP 使其不容易被卫星链路的特点所影响。本着这两项基本原则可以将这些方案大致分为三类:链路层解决方案、端到端的解决方案和划分 TCP 连接的解决方案。具有代表性的卫星 TCP 有 TCP Peach、STCP、TCP Spoofing、TCP Splitting 等。

6.2.3 在卫星信道中采用 TCP/IP 协议的意义

TCP/IP 的特点:

(1) IP 支持广播发送方式;

(2) TCP 是一种面向连接的协议,可以很好地适用于传输速率 300 bit/s 到几百兆比特每秒的地面网络系统;

(3) TCP 通过确认机制和出错重传机制保证传输可靠性。

在卫星信道中采用 TCP/IP 协议的意义是可以与互联网兼容,为互联网提供高速的下行通道,确保数据高速可靠地传输,实现互联网的接入,利用卫星通信不受地面区域限制的特点可以灵活地构建广域网。

6.2.4 在卫星信道中采用 TCP/IP 协议存在的问题

传输往返时延(round trip time,RTT),一般称时延超过 105 bit 的信道为长时延信道,在 TCP 中数据管道的大小是影响数据吞吐量的一个重要因素,它表明了传输中尚未被确认的总数据量。当管道过大时将对数据传输产生很大的影响。因为根据原来的 TCP/IP 协议的规定,管道中任何一个数据比特的错误都会引起数据的重传。这很可能对数据流量产生灾难性影响,称为"管道效应"。卫星信道是一种长时延信道,具有管道效应。

TCP 在长时延信道中存在的主要问题是信道的传输速率受限。针对单用户而言,降低了 TCP 拥塞控制和流量恢复策略的性能。在卫星信道中采用 TCP/IP 协议存在的问题是卫星信道的数据吞吐量受限,一般 TCP 的最大接收窗口为 64 kbyte,RTT 为 560 ms,卫星信道的最大数据吞吐量是 64 kbyte/560 ms。

TCP 协议中的窗口概念:接收窗口(rcvwnd)。接收窗口是接收方在确认信息中通告的本端接收窗口大小。拥塞窗口(cwnd)是 TCP 中为控制拥塞现象而采用的一种对发端数据量进行控制的窗口。TCP 中规定发端的实际发送窗口大小为 Allowed_ window = min(rcvwnd,cwnd)(单位:基本数据包)。拥塞避免算法: TCP 的拥塞避免算法发现有报文段丢失,立即将当前拥塞窗口减半,直至窗口大小减小到 1 个基本数据包长。如果通过传输超时得知拥塞产生则将 cwnd 改为 1 个基本数据包长。平均 1 个基本数据包长 512 byte,每收到 1 个确认 cwnd 增加值为基本数据包长。

拥塞避免算法的恢复时间:拥塞避免算法中拥塞窗口是线性增加的,过于缓慢。在卫星信道中假设网络最大拥塞窗口数为 128。当发生 1 个数据包丢失时拥塞窗口变成原来的 1/2,64 个基本数据包长。只有正确接收到连续的 64 个数据包时才能恢复到原来最大的拥塞窗口尺寸。在卫星信道中需要 560 ms 到 35.84 s 才能恢复最大的拥塞窗口尺寸。可见,拥塞避免算法十分不利于信道资源的充分利用,加重管道效应。

慢启动恢复算法:在拥塞结束之后 TCP 采用慢启动算法来恢复传输量。慢启动恢复策略如下:

(1) 在开始新的连接传输或在拥塞结束后仅以一个报文段作为拥塞窗口的初始值;

(2) 接收到一个确认信息就将拥塞窗口增加 1,实际发送窗口为 2,发送 2 个报文段后如果接收到连续 2 个报文的确认信息,就将拥塞窗口变为 4;

(3) 经过 n 次往返如果没有丢失则拥塞窗口为 $2n$,直至最大接收窗口值。

慢启动恢复算法的恢复时间:采用慢启动恢复算法后,使传输数据量恢复到最大允许接收窗口的大小所需要的时间,以卫星信道往返时间 560 ms 为例,卫星信道的恢复时间为

$$R = 560 \text{ ms}, \quad W = 64 \text{ kbyte}$$
$$\text{slow start time} = R \times \log 2(W \times 10^3/512)$$
$$= 560 \times \log 2(64 \times 10^3/512) \text{ s} = 3.92 \text{ s}$$

其中:R 为往返时间 RTT;W 为最大接收窗口,大小为 TCP 窗口最大长度 64 kbyte。每个数据包长为 512 byte。

也就是说在卫星信道中拥塞结束后,TCP 要经过近 4 s 的时间才能恢复到最大窗口进行传送。

6.2.5　提高卫星信道中 TCP 性能的几种解决方法

解决方法包括三个方面:减小恢复时间、减小重传数据量和提高吞吐量。

(1) 加大初始窗口;

(2) 快速重传和快速恢复;

(3) 选择性确认(selective acknowledgement,SACK);

(4) 确认时延 Delayed ACK;

(5) 增大最大接收窗口。

解决方法一:加大初始窗口。

针对慢启动恢复算法,征求意见(Request For Comments,RFC)2414 中提出了加大初始窗口(larger initial window)的方法:

$$\text{initial window} = \min(4 \times \text{MSS}, \max(2 \times \text{MSS}, 4380))$$

式中,MSS 代表最大数据包长。按照一个基本数据包长为 512 byte,通过这种方法可以使得初始窗口至少达到 4 个数据包长,而不是慢启动算法中的一个数据包长。因此基于大初始窗口的慢启动恢复算法,恢复时间为

$$\text{slow start time} = R\log 2WAR\log 2WI$$

式中:WA 为最大接收窗口;WI 为初始窗口。

解决方法二:快速重传和快速恢复。

如果发端连续收到三个相同的请求重发的 ACK,就将发送窗口阀值(ssthresh)减至拥塞窗口的 1/2,即 ssthresh=cwnd/2,拥塞窗口 cwnd=ssthresh+3。

每收到一个数据包 ACK 就将拥塞窗口加大一个基本数据包的大小。当接收到请求重发数据包的确认信息时,就将拥塞窗口的值赋予最大允许发送窗口 ssthresh=cwnd,这个新的确认信息不但要对第一步中重传数据确认,还要确认在第一步中发送数据包和收到其第一个确认副本中所发送的所有数据包,这样所需数据流量恢复时间将小于拥塞控制算法所需时间。

解决方法三:选择性确认。

TCP 一般采用累积确认(cumulative acknowledgement)协议。累积确认每次在确认帧中告知下一个希望收到的数据包的序列号。如果一直在请求重发一个数据包,在此期间即使该数据包的某些后序数据包已经被正确接收,仍然不能得到确认,如果未被确认的时间超过定时时限就会引起不必要的重传。SACK 选择确认协议是 TCP 中的一种扩展协议,用于改进累积确认协议,图 6-5 为采用 SACK 与无 SACK 系统吞吐性能比较。

选择性确认 SACK:在 TCP 握手期间首先确认收发双方都支持的 SACK 协议。

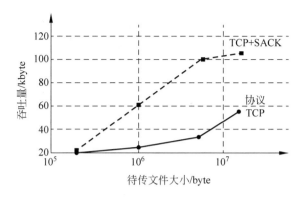

图 6-5　采用 SACK 与无 SACK 系统吞吐性能比较

（1）每 N 个连续正确接收到的基本数据包（每个基本数据包中包含的字节数由双方协定看作一个块）；

（2）每次接收方都通过确认应答中每个 Block 中最大和最小数据包序号，告知收方正确接收到的数据包；

（3）一般一个确认应答中最多可以包含 4 个 Block。

解决方法四：时延 ACK。

时延 ACK 的思想是发生拥塞时，接收端不再向发送端发送确认信息以此来抑制发送端的数据发送，达到减轻网络负荷缓解拥塞的目的。

6.3　卫星与空间通信网络的典型构型

本节主要介绍卫星通信网络的特征、关键技术和组播协议，列举一些典型的卫星与空间网络构型。

6.3.1　卫星通信网络的特征

与地面网络相比，卫星通信网络存在以下显著特点。

（1）长传播时延。

由于卫星网络空间跨度大，卫星之间、星地之间的链路长度远大于地面网络中的链路长度，这将带来显著的传播时延。在地面网络中，影响端到端时延的主要因素往往是链路带宽瓶颈所制约的传输时延。多数情况下，电磁波在链路中的传播时延可以忽略不计。而在卫星通信网络中，情况将有很大不同。对于 GEO 卫星来说，星地之间的单向传播时延为 115~135 ms。即使是 LEO 卫星，由于端到端的通信过程往往经过多跳星间链路，带来的总传播时延也会在数十毫秒量级。这种大传播时延将对卫星通信网络的性能带来很大的影响，许多在地面网络中广泛采用的方案不能照搬。例如,当 TCP 用于长传播时延的卫星链路时,将面临三个主要的问题:拥塞窗口增长较慢、丢失数据分组的恢复时间较长、接收窗口受限,严重制约了系统的最大吞吐量。而对卫星路由协议来说,需要节点之间频繁交互信息的方案也将不再适用。

(2) 高误码率。

卫星链路的另一显著特征是其高误码率。由于大空间跨度带来的自由空间损耗较大,且信号受到大气吸收、雨衰等因素的影响,卫星通信链路具有相对较高的误码率。仍然以 TCP 为例分析高误码率对系统性能带来的影响:TCP 最初是为具有较低误码率(bit error rate,BER)(大约为 10^{-9})的可靠地面链路开发的,数据分组受损的概率较低,因此所有的 TCP 拥塞控制策略都将丢失的数据分组看作是拥塞的指示。对于每个丢失的数据分组,TCP 发送端至少将其传输速率减少一半。对于数据分组因受损而丢失的情况,很显然这是一个错误的响应,这将造成传输速率不必要的降低。

(3) 动态性。

对于非 GEO 卫星系统,由于空间节点往往处于不断地运动过程中,引起链路通断状态、长度、连接关系等的不断变化,这种时变的拓扑结构给卫星通信网络的传输容量和服务质量带来了挑战。

(4) 资源受限。

由于平台能力和频谱资源的限制,卫星通信网络是典型的资源受限系统,主要表现在带宽受限、星上功率受限。随着人们对卫星通信网络服务类型和服务质量提出越来越高的要求,日益增长的业务传输需求和受限的系统资源之间呈现出越来越明显的不对称性,成为制约卫星通信网络大规模发展和广泛应用的一大瓶颈。因此,如何合理分配信道带宽、星上功率等资源,在兼顾公平性的基础上最大程度地提高系统容量和服务质量,是卫星通信网络规划和设计中需要重点考虑的问题。

6.3.2 卫星通信网络的关键技术

1. 星座设计

星座设计是卫星通信网络首先需要解决的问题,最早可以追溯到 1945 年,克拉克提出用 3 颗 GEO 静止轨道卫星提供(准)全球通信,并得到广泛认同和成功地应用到实际系统中,如 INMARSAT 的国际卫星通信系统。但是,由于 GEO 卫星系统无法为高纬度地区,特别是两极地区提供服务,再加上其大的链路损耗和长的通信时延等不足,难以满足实时性很强的业务要求。由非静止轨道(nongeostationary orbit,NGSO)卫星组成星座,不仅可以用于区域覆盖、间断覆盖,而且可以做到包括两极区域的真正意义上的全球连续覆盖。因此,研究重点转向了由 NGSO 卫星组成的星座系统。

从本质上讲,卫星星座优化设计目的是在许多相互联系的参数的大量可能的组合中找出能最好满足任务要求的那组参数组合。根据卫星应用系统对星座覆盖性能要求不同,近年来国外许多学者提出了不同的星座设计方法,主要是利用非静止(圆)轨道卫星设计星座,如星形星座、极轨道星座(或优化极轨道星座)、δ 星座(或 Walker 星座)、玫瑰星座(或 Rosette 星座)、σ 星座和 Ω 星座等,其中尤以 Ballard、Walker 和 Rider 等贡献最大,其提出的星座设计方法被普遍采用。

按照不同的原则,对这些星座设计方法的分类不同。根据星座设计过程中采用的数学方法不同,总的来说,目前的星座设计方法可以分为以下几类:

(1) 以 Adams 和 Luders 为代表的采用覆盖带的星座设计方法;

(2) 以 Walker 和 Ballard 为代表的采用纯几何方法的 Walker 星座设计方法;

(3) 以 Rider 为代表的网格设计法;

(4) 其他的特殊星座设计方法,如 Draim 提出的 ELLIPSO 星座。

在全球性卫星星座系统中,主要采用两种星座:①极轨道星座,基于覆盖的设计方法,比较适用于对圆极轨道星座的设计,如 Iridium、Teledesic 等;②Walker 倾斜轨道星座,如 Globalstar、ICO、LEO ONE、Celestri、GIPSE、GPS、GLONASS 等采用的就是这种星座设计方法,其性能与玫瑰星座相当。在星座设计中,这两种设计方法可以互换。此外,由于椭圆轨道卫星对覆盖某些特定地区(高纬度)十分有利,也有少数椭圆轨道星座,椭圆轨道星座的轨道倾角固定为 $63.4°$ 或者 $116.6°$,主要用于设计对特定地区(高纬度地区)进行覆盖的星座,如 ELLIPSO 等。

随着需求和技术的不断发展,星座也趋于复杂化,由当初单一类型卫星组成的星座向多类型、多层次卫星组成的复杂星座发展,提供的业务也由支持简单的电话、数据业务到支持具有 QoS 保证的宽带多媒体业务。例如,Spaceway 系统星座由两层卫星组成,其中,GEO 卫星 8 颗,高度为 10354 km 的 MEO 卫星 20 颗。

2. 路由算法

卫星通信网络由一定数量的卫星节点和星间链路、星地链路构成,路由算法的目的是为通信网络中由源节点和目标节点组成的源-目标节点对(origination destination pair,OD-Pair)找到一条满足一系列限制条件的最优路径。从用户角度出发,这些限制条件可被称为服务等级(grade of service,GoS)和 QoS,包含时延、时延抖动、阻塞概率、分组丢失率和吞吐量等指标。从系统管理者角度出发,需要根据链路长短和负载状况进行网络资源分配和调度,以保证不同的 GoS 和 QoS 的要求。因此,路由算法是保证通信系统有效性和可靠性的重要手段。卫星通信网络的路由算法主要存在如下特殊问题:链路时延较大,需要频繁进行信息交互的路由方案不适用网络拓扑处于不断地变化过程中,路由中断现象频繁发生,需充分利用卫星运行规律的可预测性来避免路由中断带来的不利影响。

3. 多播技术

多播指的是点到多点或多点到多点的信息传输过程,与传统的单播(unicast)通信方式相比,多播方式具有网络利用率高、带宽开销小、可扩展性强等优点。在卫星通信网络中,链路带宽受限且信道误码率较高,在这种情况下,多播技术高效使用资源的优点显得尤为重要,卫星多播通信方式将进一步提高卫星通信网络的资源利用率。另外,由于具有覆盖范围广、网络配置灵活、信道广播性、可以直接入户等优点,卫星通信网络本身也特别适合于大规模多播应用。如果采用星上处理和多波束天线,卫星系统可以动态连接分布广泛的站点,因此在多播应用方面更具优势。

卫星网络的特点为多播提供了更广阔的平台,但是也带来了新的挑战。卫星信道固有的缺点,如长传播时延、高误码率、前向/反向信道的不对称性等,给基于卫星网络的多播技术带来了一些新的问题,因而针对地面网络的多播方案不宜直接应用到卫星通信网络中。例如,对于拥塞控制问题,由于地面有线网信道误码率低,分组丢失主要由拥塞引起,而卫星网络的分组丢失很大程度上是由误码引起,所以针对地面有线网提出的大多数基于分组丢失信息的拥塞控制方案不适合卫星多播。对于可靠多播方案,由于卫星网络特殊的拓扑结构及信道特性,直接照搬地面网络中的可靠多播方案会造成性能的严重下降。IP 多播通过组管理机制和多播范围机制(通过在 IP 分组头设置生存时间来控制多播传输的地理范围)来管理广域分布的多播用户。然而在卫星多播系统中,卫星网络的长时延特性会影响多播组管理协议的互操作性,用户加入或离开一个多播组都变得更加复杂。因此,在设计卫星多播协议的时候,就要尽量避免用户频繁地加入或离开多播组为系统带来较大的时延和控制开销。此外,对于多波束卫星系统,波束队列的功率分配方案会影响到多播的一致性和各业务流之间的公平性,这也是卫星多播系统需要深入研究的问题。

4. 资源分配

卫星通信网络的资源分配主要包括两个方面:带宽分配和功率分配。

多址接入体制及媒体接入控制(medium access control,MAC)协议为带宽资源的有效利用提供了技术上的保证。简单地说,研究卫星接入体制的目标是高效、合理地为系统用户分配带宽资源,在保障各类业务服务质量的同时,使卫星信道的利用率达到最佳。

除了带宽受限,卫星通信系统还存在功率受限问题。在多波束卫星系统中,各个点波束的传输速率由该波束的发射功率决定。为了提高某波束的服务速率,需要对该波束采用较高的发射功率。然而,卫星通信系统是功率受限的,星上转发器功率总和是一个定值,因此各波束之间功率分配必然是一个此消彼长的协调过程。如何在多个波束之间进行合理的功率分配,是一个得到广泛关注的问题。

5. 星间链路

由于卫星通信网络中拥有的卫星数量很多,而且往往不能在海洋、边远和荒芜的地区,以及敌对国家的境内建立地面信关站,因此需要使用星间链路作为不同的卫星之间信息传递的桥梁。由于现代航天科学的发展,各种定位导航卫星系统和侦察探测系统越来越多,这些完成各自使命的卫星星座不但需要与地面建立联系,同时还需要在不同的卫星之间进行通信联络。星间链路一般被认为是多波束卫星的一种特殊的波束,该波束并不指向地球而是指向其他卫星。

对于卫星之间的双向通信,一般需要两个天线波束,一个用于发送信息,另一个用于接收信息。星间链路大致可以分为两类:不同卫星层之间的星间链路和同层之间的星间链路。前者包括 GEO、MEO 和 LEO 卫星层之间的链路,后者又可细分为同层同轨道卫星之间的星间链路和相邻轨道卫星间的星间链路。不同种类型的星间链路功能特点不同,因此按照不同的业务需求适用于不同的应用环境。通信卫星使用星间链路的优点包括缩小传播时延,省略中继地球站,抗干扰和抗毁能力强,扩大覆盖的范围,便于管理和组成全球无缝网络等。

6.3.3　组播协议

组播(multicast)协议是 IP 协议中的一部分。传统互联网的 IP 要求路由器对每个用户的申请都发送单独的数据包,即使多个用户申请的是相同的数据也需将此数据重复发送。

(1) 组播协议允许路由器对群组用户服务。

当用户对同一数据源进行请求时,路由器可以通过广播的形式发送单一的数据流,而无需同时向每个用户发送一个数据拷贝,从而减少了网络拥塞的可能性。

组播协议与现在广泛使用的单播协议的不同之处在于,一个主机用单播协议向 n 个主机发送相同的数据时,发送主机需要分别向 n 个主机发送,共发送 n 次。一个主机用组播协议向 n 个主机发送相同的数据时,只要发送 1 次,其数据由网络中的路由器和交换机逐级进行复制并发送给各个接收方,这样既节省服务器资源也节省网络主干的带宽资源。

与广播协议相比,只有组播接收方向路由器发出请求后,网络路由器才复制一份数据给接收方,从而节省接收方的带宽。而广播方式无论接收方是否需要,网络设备都将所有广播信息向所有设备发送,从而大量占据接收方的接入带宽。

组播协议主要包括组管理协议(IGMP)和组播路由协议(密集模式协议(如 DVMRP,PIM-DM)、稀疏模式协议(如 PIM-SM 和 CBT)和链路状态协议(MOSPF))。

(2) 组管理协议。

主机使用 IGMP 通知子网组播路由器,希望加入组播组。路由器使用 IGMP 查询本地子网中是否有属于某个组播组的主机。

(3) 加入组播组。

当某个主机加入某一个组播组时,它通过"成员资格报告"消息通知它所在的 IP 子网的组播路由器,同时将自己的 IP 模块做相应的准备,以便开始接收来自该组播组传来的数据。如果这台主机是它所在的 IP 子网中第一台加入该组播组的主机,通过路由信息的交换,组播路由器加入组播分布树。

（4）退出组播组。

在 IGMP v1 中，当主机离开某一个组播组时，它将自行退出。组播路由器定时（如 120 s）使用"成员资格查询"消息向 IP 子网中的所有主机的组地址（224.0.0.1）查询，如果某一组播组在 IP 子网中已经没有任何成员，那么组播路由器在确认这一事件后，将不再在子网中转发该组播组的数据。与此同时，通过路由信息交换，从特定的组播组分布树中删除相应的组播路由器。这种不通知任何人而悄悄离开的方法，使得组播路由器知道 IP 子网中已经没有任何成员的事件时延了一段时间，所以在 IGMP v2.0 中，当每一个主机离开某一个组播组时，需要通知子网组播路由器，组播路由器立即向 IP 子网中的所有组播组询问，从而减少了系统处理停止组播的时延。

（5）组播路由协议。

要想在一个实际网络中实现组播数据包的转发，必须在各个互连设备上运行可互操作的组播路由协议。组播路由协议可分为三类：密集模式协议（如 DVMRP 和 PIM-DM）、稀疏模式协议（如 PIM-SM 和 CBT）和链路状态协议（MOSPF）。

（6）距离向量组播路由协议（distance vector multicast routing protocol，DVMRP）。

距离向量组播路由协议由单播路由协议（RIP）扩展而来，两者都使用距离向量算法得到网络的拓扑信息，不同之处在于，RIP 根据路由表前向转发数据，而 DVMRP 则是基于反向通路转发（RPF）。为了使新加入的组播成员能及时收到组播数据，DVMPR 采用定时发送数据包给所有的 LAN 的方法，然而这种方法导致大量路由控制数据包的扩散，这部分开销限制了网络规模的扩大。另一方面，DVMRP 使用跳数作为计量尺度，其上限为 32 跳，这对网络规模也是一个限制。目前提出了分层 DVMRP，即对组播网络划分区域，在区域内的组播可以按照任何协议进行，而对于跨区域的组播则由边界路由器在 DVMRP 协议下进行，这样可大大减少路由开销。

（7）开放式组播最短路径优先协议（multicast open shortest path first，MOSPF）。

组播协议的优势在于需要将大量相同的数据传输到不同主机：①能节省发送数据的主机的系统资源和带宽；②组播是有选择地复制给有要求的主机；③组播可以穿越公网广泛传播，而广播则只能在局域网或专门的广播网内部传播；④组播能节省网络主干的带宽。

与单播协议相比，组播没有补包机制，因为组播采用的是用户数据协议（user datagram protocol，UDP）的传输方式，并且不是针对一个接收者，所以无法有针对地进行补包。所以直接组播协议传输的数据是不可靠的。

从图 6-6 和图 6-7 即可看出点到点传输协议与组播传输协议的区别。组播协议允许将一台主机发送的数据通过网络路由器和交换机复制到多个加入此组播的主机，是一种一对多的通信方式。组播协议与现在广泛使用的单播协议的不同之处在于,一个主机用单播协议向 n 个主机发送相同的数据时,发送主机需要分别向 n 个主机发送,共发送 n 次。一个主机用组播协议向 n 个主机发送相同的数据时,只要发送 1 次,其数据由网络中的路由器和交换机逐级进行复制并发送给各个接收方,这样既节省服务器资源也节省网络主干的带宽资源。与广播协议相比,只有组播接收方向路由器发出请求后,网络路由器才复制一份数据给接收方,从而节省接收方的带宽。而广播方式无论接收方是否需要,网络设备都将所有广播信息向所有设备发送,大量占据接收方的接入带宽。

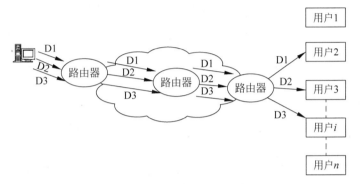

图 6-6 点到点传输协议示意图

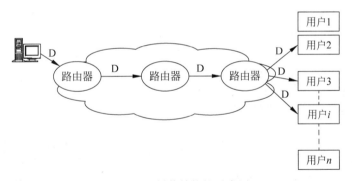

图 6-7 组播传输协议示意图

在传统的互联网中,从一台服务器发送出的每个数据包只能传送给一个客户机。如果有另外的用户希望同时获得这个数据包的拷贝是做不到的。解决的办法是构建一种具有点对多播能力的互联网,充分利用网络带宽的新技术,其目的在于,当同时向许多企业或个人发送信息时,减少网络中的流量,从而减少引起网络拥塞的可能性。目前网络用户对视频点播、远程教学等非对称性业务(也就是上行业务量远小于下行业务量)需求不断增大,利用卫星广播信道为这类业务提供服务是一种最经济的方式。因此在交互式卫星通信系统中可以采用多播协议来提高信道带宽利用率。

在交互式卫星通信中,多播协议对提高广播信道的信道利用率十分有效。因此,结合多播传输方式,对 TCP/IP 协议进行改进,不仅是基于 TCP/IP 协议交互式卫星通信系统中的重要的一章,也是网络通信中的一个重要研究内容。

参考文献

[1] 李兆玉,何维,戴翠琴.移动通信[M].北京:电子工业出版社,2017:115-120.

[2] 夏隽娟,石方.多用户安全通信系统的分析与设计[J].广东通信技术,2017,(6):10-15.

[3] 陈刘伟,梁俊,朱巍.基于公平性的星地协作系统分布式中继选择策略[J].计算机工程,2016,42(6):91-95.

[4] 贾景惠.卫星移动通信信道模型研究与实现验证[D].北京:北京理工大学,2016.

[5] 刘刚,于相声,窦志斌.卫星网络中基于网络编码的 ARQ 机制[J].无线电通信技术,2015,41(3):50-54.

[6] 王胡成,徐晖,程志密,等.5G 网络技术研究现状和发展趋势[J].电信科学,2015,9:149-155.

[7] 张艳鑫,刘文续,刘志国,等.网络编码技术在卫星通信中的应用[J].数字技术与应用,2016(7):24-25.

[8] 朱宏鹏,张剑,杜锋,等.宽带低轨卫星网高效组播中的部分网络编码算法[J].宇航学报,2015,36(9):1075-1082.

[9] 周沅宁.卫星通信中的自适应编码调制技术研究[D].北京:北京邮电大学,2014.

[10] 王庚润,李炯,罗建,等.提高卫星通信系统吞吐量的复数域网络编码算法[J].信号处理,2014(8):882-890.

[11] 赵新.基于 LDPC 码的卫星通信自适应编码调制技术研究[D].成都:电子科技大学,2013.

[12] 王旭.卫星移动通信协作分集传输技术研究[D].哈尔滨:哈尔滨工业大学,2012.

[13] 刘琼,潘进,刘炯.基于同步卫星通信网络的弱安全网络编码[J].计算机技术与发展,2012,22(7):143-146.

[14] 马常领,李智.自适应调制编码技术在低轨卫星通信中的应用[J].科技创新导报,2012(30):51.

[15] 张艳,胡小丽,宋维君.卫星网络的协作通信技术[J].电讯技术,2011,51(7):81-84.

[16] 张忠超,吴久银,张强龙.卫星通信系统中应用 HARQ 的性能分析[J].无线通信技术,2010,19(4):25-30.

[17] 杜思深,王晓川,杨宁.自适应编码调制技术在通信中的应用[J].现代电子技术,2005,28(21):14-15.

[18] 张更新.卫星移动通信系统[M].北京:人民邮电出版社,2001.

[19] ZHU M,ZHANG C,MIN S. Research on carrier noise ratio calculation method in satellite communication link [C]//International Conference on Space Information Technology. [S. l.]: International Society for Optics and Photonics,2009.

[20] 张乃通,张中兆,李英涛,等.卫星移动通信系统[M].2 版.北京:电子工业出版社,2000.

[21] JON B. Satellite Internet faster than advertised,but latency still awful[EB/OL]. 2013-02-15[2013-08-29]. http://ars technical/information-technology/2013/02.

第7章

空间通信系统与网络

美国、苏联、欧洲空间局、印度等国家和组织自1958年起就相继开始建立支持深空探测与通信的深空网(deep space network)。深空网已发生了很大的变化,不仅扩展了规模,更重要的是在技术和性能上有了极大的提高,遥测接收能力从开始的8比特每秒增加到几十甚至上千兆比特每秒。美国的飞船已经到过全部已知的大行星,经济条件相对比较落后的印度也成功发射了火星探测器,在激烈竞争的太空探测与国家安全领域,我国显然面临着巨大的竞争压力。为提高我国航天水平,增强太空安全和国防安全能力,为人类和平利用太空作出应有的贡献,开展深空通信系统与网络研究十分必要。

7.1 空间通信

空间信息网由三个子网组成:星载网、地面网,以及空间链路网(SLS),其中的核心是SLS。空间通信系统与网络研究是面向地月空间、火星及小行星等太阳系探测任务,开展行星际超远距离测控通信系统、深空—近地中继通信与信息公用服务技术体系研究,为形成我国未来的深空—地面互联网—用户的通信与信息公共服务能力,建设空间通信与信息服务公用设施奠定技术基础。为了对执行月球、行星和行星际探测任务的航天器进行跟踪、导航与通信而建立的地基全球分布测控网,可以提供双向通信链路,对航天器进行指挥控制、跟踪、遥测,以及接收图像和科学数据等。新一代的空间网建设分为两大部分:一是建设空间主干网,包括现有空间通信网全面升级至Ka频段,布设由数百副天线组成的天线阵,开展光通信技术研究,开发高效率空间通信设备和建设月球、火星探测器通信网络等;二是研发与这个主干网相配套的工具和技术,包括提供多任务运行控制的操作系统、软件和标准,创新的任务操作概念和更高级的空间任务设计、导航技术和用户工具等。通过二者的结合,最终建设一个行星际的网络。国际上空间网中的设备正在进行大范围的升级和技术改造,以提高系统性能,并实现数据存取和交互支持的接口标准化。尽管未来空间网的发展主要依赖新的技术、方法,但仍要立足于现有空间网并充分利用其能力。高速数据传输的需求驱使空间网实施 Ka 频段改造计划。改造 34 m 和 70 m 直径天线,使其具备 Ka 频段遥测下行链路能力,这样在不建造新天线的情况下可使下行链路能力在原有基础上提升至 4 倍。

能将数据传输速率提高几个数量级的另一种方法是采用光通信。在光通信中,信息通过激光和望远镜传输,性能更高,而且能使航天器上的通信设备更轻巧。光学空-地链路的地球端有地基和天基两种实现方案,但目前更倾向于前者。在地基方案中,采用几个 10 m 直径的望远镜接收空间信号。而且,对光通信望远镜的性能要求远比成像望远镜的低,因此成本也低得多。由于采用带脉冲编码调制的直接探测方法,所以只需要确定光子的到达时间。天基方案是在中、高地球轨道上部署光学望远镜。空间减少了 3 dB 的大气信号衰减,因此光学望远镜的直径减至 7 m 左右。但天基站的成本是地基站的 8 倍,而且只能同时支持一个目标。目前,光通信方案还处在概念研究阶段。相干光通信的一个最主要的优点是相干检测能改善接收机的灵敏度。由于热噪声、暗电流等因素的影响,强度调制直接检测(intensity modulation with direct detection,IM/DD)系统的灵敏度通常比量子极限灵敏度低 20 dB。而在相干通信系统中,在同等热噪声和暗电流作用下,通过提高本振光功率可以使灵敏度充分接近量子极限。

开发由火星轨道上的通信及导航探测器星座组成的火星网,用来支持未来火星探测中的通信和导航需要。该网络由低成本小探测器及火星中继探测器组成,也是星际互联网最先实现的部分。作为空间网的扩展,该网络必须能够支持各种不同的用户,包括已规划的任务和尚未出现的任务概念。火星网对用户的支持必须是高效的、大量自主的,以满足用户数量不断增加的需要。该网本身的操作也是以一种高效、自主的方式进行。

目前设计的天线主要是全向多频段天线,空间通信距离遥远,不需要全向但要高增益,因此需在此基础上重新设计。空间通信系统与地球站存在的主要问题具体包括以下几点。

(1) 通信距离变远,增加了路径损失。以冥王星为例,距离损失比 GEO 的路径损失增加 101.41~106.54 dB。因而,如何弥补如此巨大的距离损失是空间探测面临的主要难题之一。

(2) 遥远距离引起的巨大时延,通信时延一般都在 30 min 以上。

(3) 通信距离增加,发射功率消耗增加。航天器上不可能安装大尺寸天线,即使采用定向天线集中能量指向地球,地球在广阔的空间中非常小,能用来截获信号的面积极为有限,因此,发射功率的绝大部分消耗在宇宙空间。除了加大天线口径,如何集中能量也是急需解决的重要问题。

（4）克服地球与其他行星的自旋实现连续通信。航天器对地外天体的探测所做的动作,不外乎飞越、绕飞、软着陆和硬着陆,以及着陆后的移动。然而,地球与行星都在不停地以各自的速度进行自转,以飞越方式与地外天体遭遇时间非常短,如果在地球表面建一座空间站,可联络的时间极短,其他三种方式也有一半的时间为行星遮挡,平均每天仅 8 h 可以观测到航天器或行星,即航天器与地面站之间只能进行 8 h 的通信联络与测控。因此,随着空间探测距离加大,航天器执行任务时间加长,要实现连续通信必须采取其他措施。

（5）定轨方式。对航天器的轨道进行测量,近地空间使用过的伪码测距和多普勒频移测速两种方式尚可继续使用,而单脉冲测角的精度低,当距离变远时,横向位置误差太大,不能再用于空间航天器的定位元素,需要寻找代替措施。

（6）误码率高。误码率由信道干扰决定。合理运用纠错码可以降低误码率,但不能完全消除。过于复杂的纠错码将过多地占用宝贵的信道资源和星载计算机资源。

（7）突发错误多。突发错误源于网外其他射频装置的干扰,主要在天线指向失准或通信不同步时产生。虽然发生较偶然且持续时间很短,但基本上不可预测。目前主要的对抗方式是提高天线自动指向能力和运用级联抗干扰码。

7.2　空间通信的关键技术

用大功率线性功率放大技术是空间通信直接有效的解决方案,是直接补偿传输损耗、延长传输距离的有效方法;用基于虚拟多输入多输出（MIMO）分布式网络和基于小型化阵列或分形天线、极低码率调制、相干检测、高灵敏探测技术共同实现高增益高灵敏度的空间通信,同时为一个或几个探测器提供理想直径的天线,增益可达到 68 dBi,接收灵敏度为 -160 dBm,可以接收更加微弱的信号。太阳系以外的航天器也可以进行高速数据通信,降低航天器上通信系统的质量和功率。采用相干探测技术,光接收机的灵敏度可达到量子噪声极限,比通常的直接探测技术接收灵敏度高约 20 dB,显著消除接收机热噪声和电子电路噪声对微弱光信号检测的影响。通过采用高灵敏度编解码、多输入多输出、多极化复用、多频带复用的方法可实现高灵敏度和吉比特每秒的传输。网络采用高性能中央处理器（CPU）和高效数字信号处理（DSP）算法,全 IP、模块化、可扩展的网络体系结构和区分服务机制,可实现数据信息提取、接入管理与服务管理、为用户提供公共信息服务。选用高接收灵敏度的 QPSK 调制格式延长传输距离,如图 7-1 所示。

总的来说,通过以上延长传输距离的关键技术,可使微波通信（X、Ka）信号捕获灵敏度高于 -157 dBm,具体详述如下。

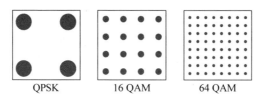

图 7-1　QPSK 与 16 QAM 和 64 QAM 相比明显有大的符号间距。在同样波特率
的情况下,相对 QPSK,16 QAM 需要提高 6 dB 的功率代价

7.3　空间通信的功率放大技术

使用高功率放大器是延长航天器收发信机传输距离的有效方法,高功率放大
器和常规功率放大器在相同频段的饱和功率不同,如图 7-2 所示。

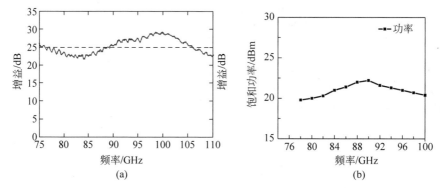

图 7-2　使用高功率放大器在同样频段的情况下,相对常规功率放大器,高功率
放大器能提高约 5 dB 的功率增益
（a）高功率放大器；（b）常规功率放大器

大量研究表明:通过使用特定的材料、结构和高功率线性功率放大器的数字
信号线性化处理和预失真算法等能显著提高功率放大器的饱和功率。

7.4　空间通信的相干检测技术

利用同步相干检测技术,可实现双频天线的高增益。在空间通信中采用平衡
探测的相干探测技术,光接收机的灵敏度可达到量子噪声极限,如图 7-3 所示。

平衡探测器的灵敏度是指在给定误码率下可探测的输入信号光功率,是平衡
探测器的关键技术指标之一。理想的光电二极管(没有热噪声、没有暗电流、量子
效率达到 100%)能够识别高、低电平的最小输入光功率,称为量子限。在量子限
条件下,最小误码率为

$$\mathrm{BER} = \frac{1}{2}\exp(-N_\mathrm{p}) \tag{7-1}$$

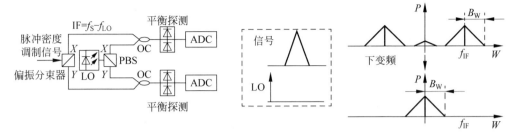

图 7-3　用同步相干检测实现极弱信号捕获与跟踪

采用平衡探测的相干探测技术光接收机的灵敏度可达到量子噪声极限,比通常的直接探测技术接收灵敏度高约 20 dB,显著消除了接收机热噪声和电子电路噪声对微弱光信号检测的影响

接收机的极限灵敏度 S_r 与扩展到整个数据流上的光子平均数 $\overline{N}_p$ 之间的关系为

$$S_r = \frac{P_0 + P_1}{2} = \frac{N_p h\nu}{2T} = \overline{N}_p R_b h\nu \qquad (7\text{-}2)$$

式中:$h\nu$ 是光子的能量;T 是位宽度;$R_b = \dfrac{1}{T}$ 是数据速率。

故当数据速率是 1 Gbit/s 时,误码率为 10^{-15},h 是普朗克常量,等于 $6.62606957 \times 10^{-34}$,$\nu$ 是光频率,等于 193.1×10^{12} Hz(1500 nm),求得

$$S_r = 2.182729911842997 \times 10^{-9} \text{ W} = -56 \text{ dBm}$$

当传输速度低到 1 Mbit/s 时,误码率为 10^{-15},ν 等于 193.1×10^{12} Hz(1500 nm),求得

$$S_r = 2.182729911842997 \times 10^{-13} \text{ W} = -96 \text{ dBm}$$

接收机的灵敏度是在满足给定的误码率指标条件下,最低能接受的平均功率 P_{min}。接收机灵敏度中的功率在工程上常用绝对功率值(dBm)来表示,即

$$S_r = 10 \lg \frac{P_{min}}{10^{-3}} \quad (\text{dBm}) \qquad (7\text{-}3)$$

式中:10^{-3} 指 1 mW 功率。

具有雪崩效应的管子有很高的内增益,Si、Ge 增益可达 $102 \sim 103$ dB,灵敏度达到 -50 dB 以上。光电三极管是在光电二极管的基础上发展起来的,能进行光电转换,具有放大作用,灵敏度是光电二极管的几十倍,再加上传输低速率信号,降低误码率到 10^{-10},光接收机的灵敏度实现 -160 dB 以上是可能的。

7.5　空间通信的极化接收技术

用多向天线极化相对单向天线极化更能延长传输距离,同时还能减少接收机的干扰。如图 7-4 所示,使用多向天线极化相对单向极化天线能提高灵敏度,减少接头数量,适合调整天线的方向,抑制无线串话。

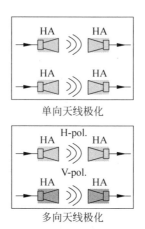

图 7-4　多向天线极化相对单向极化天线能提高灵敏度

7.6　空间通信的卡塞格林天线技术

用卡塞格林天线延长传输距离,如图 7-5 所示。

图 7-5　用卡塞格林天线相对普通的喇叭天线增益能提高 25 dBi

目前 GPS 导航接收模块接收灵敏度已达 -160 dBm,产品已大规模应用。通过采用多输入多输出、多极化复用天线、多频带复用的方法可实现吉比特每秒的传输。X 频段、Ka 频段在保证灵敏度(-157 dBm)的情况下,传输带宽达到吉比特每秒是有可能的。

7.7　空间通信的天线阵列技术

以空间网目前的体系结构,使用大直径天线已不能有效满足未来灵敏度和导航任务的需求,而且其维护和运行费用过于昂贵,因此可使用可靠性和性价比高、规模可变的小直径天线组成的天线阵来满足增长的需求。天线阵可以同时服务于几个任务,提供满足每一项任务要求的天线直径。进一步说,这些小天线相对于大天线拥有显著的商业化支持并拥有较长的生命周期。天线阵列技术的实现有几种典型的方式。

（1）介质板打孔方式的馈电网络天线阵。

12 m 天线阵的设计至少包含 400 副天线，相当于提供等效直径为 240 m 的大天线或者在 X 频段上是 7 m 直径天线的 120 倍。天线阵可以为几个探测器提供理想的直径。在太空中不同地方的多个航天器或者太空中相距较近的探测器都能够利用天线阵的高灵敏度。可以将空间网下行链路能力提高 2～3 个数量级，从而大大提高空间任务返回的科学数据量；可以接收更加微弱的信号，从而降低航天器上通信系统的质量和功率；将单位数据的成本降低 2 个数量级；与太阳系以外的航天器也可以进行高速数据通信。

要实现 X 频段增益大于 49 dBi，Ka 频段增益大于 61 dBi，需进行大规模天线组阵。图 7-6 所示为 64 单元阵列，为了减小馈电网络本身辐射对阵列的性能影响，将馈电网络设计到另一块介质板材上，通过介质板打孔的方式将阵列与馈电网络相连。

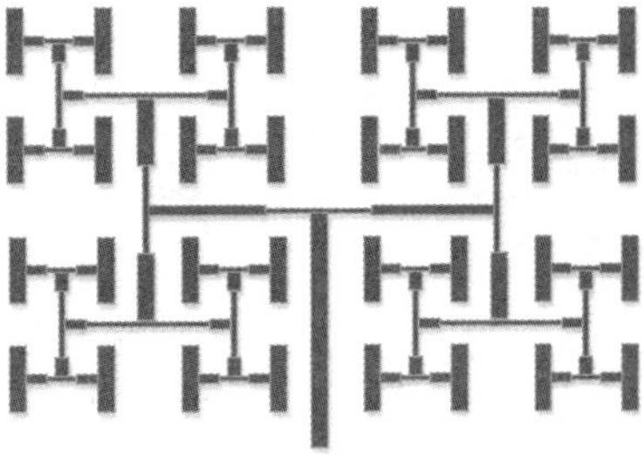

图 7-6　馈电网络图

对于平面阵列，增益为

$$G = \frac{\left| \sum\limits_{i=1}^{N} E_i \right|^2}{\sum\limits_{i=1}^{N}\sum\limits_{i=1}^{N}[R_{12}(|i-j|d)/R_{11}]\mathrm{Re}[E_j/E_i]|E_i|^2} \tag{7-4}$$

对于 8×8 的等幅同相阵，取 $d = 49\lambda/24$，式(7-4)可变形为

$$
\begin{aligned}
G &= \frac{\left| \sum\limits_{i=1}^{N} E_i \right|^2}{\sum\limits_{i=1}^{N}\sum\limits_{i=1}^{N}[R_{12}(|i-j|d)/R_{11}]\mathrm{Re}[E_j/E_i]|E_i|^2} \\
&= \frac{8|E_i|^2}{8\left[\dfrac{R_{12}(d)}{R_{11}} + \dfrac{R_{12}(2d)}{R_{11}} + \dfrac{R_{12}(3d)}{R_{11}} + \dfrac{R_{12}(4d)}{R_{11}} + \dfrac{R_{12}(5d)}{R_{11}} + \dfrac{R_{12}(6d)}{R_{11}} + \dfrac{R_{12}(7d)}{R_{11}}\right]|E_i|^2} \\
&= \frac{1}{\sum\limits_{n=1}^{7} \dfrac{\sin(2\pi nd)/\lambda}{2\pi nd/\lambda}} \\
&\approx 68 \text{ dBi}
\end{aligned}
\tag{7-5}
$$

对于 8×8 的 64 单元阵，$N=8$，E_i 为每个单元的输入信号幅度，本设计方案中为等幅同相阵，所以 E_i 都相同。R_{12} 为互阻抗 Z_{12} 的实部，R_{11} 为 Z_{11} 的实部。d 为阵列单元间距。对于 8×8 的等幅同相阵，取 $d = 49\lambda/24$，对 X 频段和 Ka 频段增益都可达 68 dBi。

（2）相控阵光子雷达。

在光通信波段将采用相控阵光子雷达技术,其利用不断发展进步的现代军用光电子技术,是不同于传统微波或者毫米波相控阵的一种新型激光雷达。作为一种新体制的光子雷达,其光束指向是通过调节从各个相控单元(光学移相器)射出的光波之间的相位关系,使其在某一设定方向上彼此相位相同,产生相互加强的干涉,在各自设定方向上形成多束高强度的激光光束,从而提高光子雷达接收机的灵敏度和增益。同时还可以在方位和俯仰平面上实现多波束同时发射,使光子雷达可以通过控制多个波束按需扫描整个视场而无需伺服移动部件,从而实现真正意义上的相控阵(OPA),提高光子雷达的工作效率和多任务能力。图 7-7 所示是相控阵光子雷达的示意图和收发平面图。

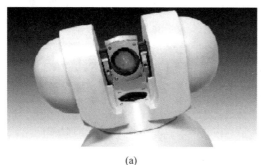
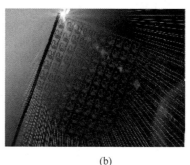

（a）   （b）

图 7-7 相控阵光子雷达

（a）相控阵光子雷达示意图；（b）光子雷达收发平面图

图（a）中圆斑是相控阵光子雷达的收发平面,二维平面中集成大量的探测器阵列和激光器阵列

（3）分形天线阵列技术。

分形天线在有限天线面积的情况下,通过内部分形,使分形面积逐渐趋近于零的情况下,天线的有效电长度将能趋于无限,从而满足多频带和等效大口径需求。图 7-8 为采用分形天线和阵列天线技术设计的雪花分形天线和三角阵列天线的实物,以及仿真和测试结果。X 频段和 Ka 频段天线与已完成的微波频段的分形和阵列天线基本原理相同,只需改变波长,由全向改成定向就可实现。

空间通信网络的结构不同于现在规模应用的蜂窝移动网络,具有高延迟、高可靠性等特点,用全 IP 体系结构和技术体制、高灵敏度编码方式、高功率放大、阵列天线技术,将满足空间通信的系统架构和高功耗、高增益、高灵敏度要求。用天线阵为一个或几个探测器提供理想的天线直径,增益可达到 68 dBi,接收灵敏度为 -160 dBm,可以接收更加微弱的信号,与太阳系以外的航天器也可以进行高速数据通信,可降低航天器上通信系统的质量和功率;采用相干探测技术,光接收机的灵敏度可达到量子噪声极限,比通常的直接探测技术接收灵敏度约高 20 dB,显著消除接收机热噪声和电子电路噪声对微弱光信号检测的影响。通过采用多输入多输出、多极化复用天线、多频带复用的方法可实现吉比特每秒的传输。空间网采用

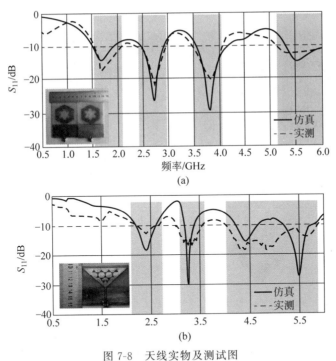

图 7-8　天线实物及测试图

(a) 雪花分形天线；(b) 三角阵列天线实物，以及测试和仿真结果

全 IP、模块化、可扩展的网络体系结构和区分服务机制，可实现数据信息提取、接入管理与服务管理，为用户提供公共信息服务。

7.8　空间通信的虚拟 MIMO 技术

根据我国目前空天地一体化网络的发展现状和我国将实现天基探测器高速互连——光、波互连互通的要求，给出了如图 7-9 所示的设计思路。天基探测器网络将由高轨探测器、中轨"北斗"、低轨探测器组成。高轨探测器搭建信息高速互连，速率由 5 Gbit/s 发展到 100 Gbit/s。高轨对中低轨互连互通，用激光与毫米波传输宽带信号成为必然。由于空间通信距离遥远，光程都在 30 min 以上，多大口径的天线相对此距离都可小到忽略不计，如果采用分布在不同星球、不同轨道、不同大洲、不同国家和地区的天线组成协作伙伴，根据需要自组织，共享彼此的天线，从而构成了虚拟的多天线系统，也称为虚拟 MIMO(virtual MIMO)。这样就能构筑了等效的大口径天线，并且还可根据需要自组织协作伙伴，使等效大口径天线可大可小，解决中继传输中天基站天线不能大、不能重、维持稳定耗能高的问题，具体方案如图 7-9 所示。

虚拟 MIMO 的天线之间通过毫米波、激光或光纤相连，在虚拟 MIMO 的 DSP 算法平台上实现可变等效大口径天线的功能。

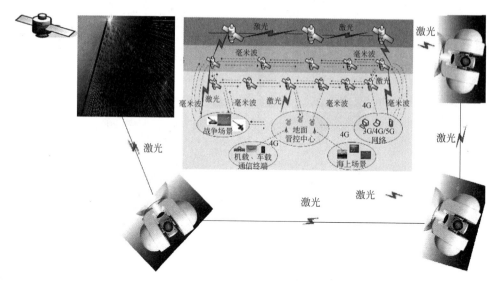

图 7-9 基于虚拟 MIMO 的分布式网络和基于小型化阵列天线共同实现高灵敏度高增益空间通信

虚拟 MIMO 技术还可以降低 MIMO 的实现复杂度和成本,兼具有协作通信的优点,是一种低成本的无线网络物理层核心技术。图 7-10 所示为多级虚拟 MIMO 协作广播模型。为了协作传输,每一跳设计为两个连续的时隙:在簇内时隙进行簇内的数据共享;簇间时隙进行簇间广播信息的传输。

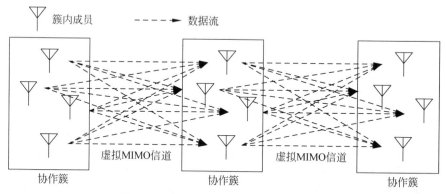

图 7-10 多级虚拟 MIMO 协作广播模型

每一条簇间链路(虚拟 MIMO 信道)都是时分的译码前向转发多个中继信道,由如图 7-11 所示的簇内广播信道和簇间空时编码虚拟 MIMO 信道组成。以所有节点工作在半双工模式为例,半双工时隙的划分簇内的每一个节点能获得同簇内所有节点的信道状态信息(channel state information,CSI),而两个独立簇节点之间的 CSI 通常是未知的。

单级虚拟 MIMO 的发送节点:簇内的节点共享发送的数据和对其进行编码,

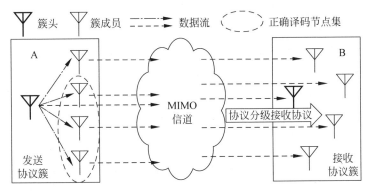

图 7-11　簇内和簇间的协作广播传输方案

接收簇内的节点实现数据接收和解码,图 7-12 表示了簇内和簇间的时隙划分。簇内 (ITA)时隙和簇间 (ITE) 时隙分别用来广播和 MIMO 传输,时分信道相互正交。

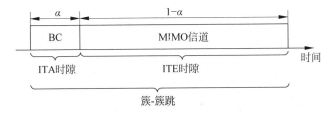

图 7-12　簇内广播和簇间传输的时隙划分

多级虚拟 MIMO 的形成基本过程如图 7-13 所示。

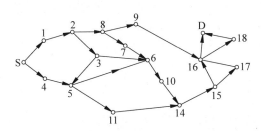

图 7-13　多级虚拟 MIMO 广播系统网络拓扑结构

步骤 1:当簇头节点 A 要求节点 B 接收数据时,A 会给 B 发送一个请求 (REQ),包含 A 的位置信息、发送距离 d、发送簇节点(天线)数目 Mt 等;

步骤 2:B 估计 A、B 之间的距离,判断这是一个单跳传输还是一个多跳传输;

步骤 3:如果传输是多跳的,节点 B 在已有的路由选择一个节点作为接收簇的簇头节点;

步骤 4:节点 B 将自己需要的发送距离信息 d、可获得的 Mt 以及多跳 REQ 消息传给下一级中继节点;

步骤 5:中继节点计算合适的接收簇节点数 Mr 和距离 d 返回给 REQ 的发送

者,并将自己所需要的发送距离信息 d 和可获得的发送簇节点数 Mt 以 REQ 消息传给再下一级的中继节点;

步骤 6:重复以上步骤,直到节点 A 从中继节点收到 REQ;

步骤 7:A 返回确认消息给 B,虚拟 MIMO 系统建立完毕。

如图 7-13 中的源节点 S 要和目的节点 D 进行虚拟 MIMO 传输时,可以构成如图 7-13 所示的多通道(multi-channel)、多级(multi-stage)中继系统,可写为如下形式:

$$
S \to \left\{ \begin{array}{l} 1 \to 2 \to \left\{ \begin{array}{l} 3 \to \left\{ \begin{array}{l} 5 \\ 6 \end{array} \right\} \to 11 \to 14 \\ 8 \to \left\{ \begin{array}{l} 7 \to 6 \to 10 \to 14 \to 15 \\ 9 \end{array} \right\} \end{array} \right\} \\ 4 \to 5 \to \left\{ \begin{array}{l} 6 \to 10 \\ 11 \end{array} \right\} \to 14 \to \left\{ \begin{array}{l} 15 \to 17 \\ 15 \end{array} \right\} \end{array} \right\} \to \left\{ \begin{array}{l} 16 \\ 16 \to 18 \end{array} \right\} \to D
$$

可见,上述中继系统的构成依赖于各节点的邻居关系(即拓扑结构信息)及拓扑重构机制。参与协作广播的节点可以利用其协作传输的并行优势构成多级虚拟 MIMO 系统。

在实际中,对于不同的节点对,均需要建立其 M2R 系统,如图 7-11 就形成了"源→目的"节点对的多重路由网络结构。该系统可以分解为多级中继节点聚簇问题。显然,即使在节点及其 MIMO 信道静态条件下,其最优化求解问题也是一个 N-P 完全(NP complete)问题,很难直接求解。解决这一问题的方法是结合图论理论进行中继簇划分的跨层设计,在分析业务速率、可靠性、延迟等 QoS 需求对中继簇划分的影响的基础上,提出基于节点位置、能耗和多级信道参数等特征的快速邻居发现机制、灵活高效节点聚簇划分机制和路由算法,增强虚拟 MIMO 协作广播机制的扩展能力。

7.9　空间通信的协作广播技术

网络中协作空时编码的研究大多基于网络中所有节点都同步这一假定。而事实上,在实际网络中的节点很难实现完全同步,传统的空时编码方案的性能受到极大影响。这是因为,一方面网络中的节点没有统一的时钟,另一方面在网络中,同一信源到不同中继节点,以及不同中继节点到同一信宿的传输距离差异较大,来自不同中继节点的信号之间在接收终端存在不同的时延。因此需要提出新的适应异步环境的空时编码方案来提高系统的性能,研究一种适用于网络的基于异步协作空时编码算法的协作广播方案。

当信源节点在网络中提供广播服务时,由于网络中节点功率严格受限,接收端需要获取分集增益以保证传输的质量。因此,把信源簇内的节点通过协作构成虚拟多天线阵,实现发端的协作空时编码,为系统提供分集增益,如图 7-14 所示。

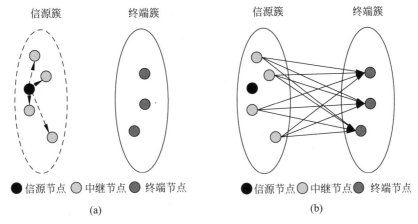

图 7-14 协作空时编码示意图

(a) 第一个时隙;(b) 第二个时隙

解决方案是在空时编码块中增加冗余信息作为保护间隔,防止时延造成符号间干扰。在 DF(decode and forward)的协作模式下可以采取的一种方法是:由终端发送一个帧同步信号给中继节点,M 个中继节点在等待该帧同步信号的时候只发送空符号"*",而只有在接收到该信号后才发送编码后的数据流。终端从接收到第一个符号后算起,至少接收 $l_u + l_e$ 个符号才作为一个数据包进行空时译码。其中,l_u 表示有用符号数,l_e 表示最大延迟误差。这种方法通过增加编码块的长度,保证了编码信息的完整,并且可以有效抑制码字间的干扰。当终端簇接收到来自信源簇的编码信息后,终端簇需要对接收到的信息进行译码,然后重新编码发送给下一级的簇节点。基于不同协作程度的多级空时编译码计划研究三种方案。

(1) 完全不协作。终端各节点接收到编码信息后,直接进行本地译码,然后根据译码结果重新编码转发给下一级节点。

(2) 部分协作。终端各节点对接收到编码信息进行本地译码,并在簇内共享部分的译码结果,然后联合本地和共享的译码结果重新编码。

(3) 完全协作。终端各节点在簇内共享接收到的编码信息,进行联合译码,然后根据译码结果进行编码转发。

7.10 空间通信的自组织网络算法

1. 网络节点的快速邻居发现算法和协作节点聚簇机制

为了降低广播时延实现高效邻居发现,需要找到最小数量的信道数目 M,在确保所有节点都能接收到信息的前提下进行广播,而不是盲目地在所有的信道上进行广播,从而使得时延最小化。

2. 选择性广播的最小邻居图发现过程

一个节点的邻居图表示这个节点的邻居节点和可以与之进行通信的信道的集合。最小邻居图表示这个节点的邻居节点和最小的信道集合,通过这个信道集合能到达所有的邻居。每一个节点维护一张邻居图。在一张邻居图中,一个用户用一个节点来表示,一条信道用一条边来表示。图 7-15 所示是最小邻居图的建立过程。

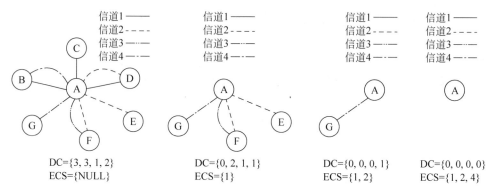

图 7-15　最小邻居图和必需信道子集的步骤

用 DC 表示邻居图中每条信道的度数,度数是具有相同信道的边的数目,例如,图 7-15 中信道 1 的度数为 3,表示 AB、AC、AD 三条信道。用 ECS 表示必需的信道集合,最初 ECS 设置为空。为了建立最小邻居图,依次选择 DC 具有最高度数的信道,将这条信道加入到 ECS 中,然后在邻居图中将所有对应这条信道的边和连接这些边的节点(源节点 A 除外)删除。随着边逐渐在邻居图中被删除,对应的信道加入 ECS 中,直到邻居图中只剩下一个源节点,这时得到的 ECS 就是所需要的最小的广播信道数,对应最小邻居图。下面阐述最小邻居图的产生过程,如图 7-15 和图 7-16 所示。

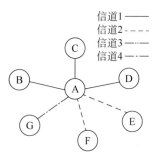

图 7-16　最终选取的最小邻居图

步骤 1:初始化,ECS 设置为 null,DC={3,3,1,2}。

步骤 2:因为信道 1 在 DC 中具有最高的度,于是对应于信道 1 的所有边都去掉。同样,节点 B、C、D 也从图中去掉,并且信道 1 加到 ECS 中。可以看到,DC 和

ECS 此时都被更新为 DC＝{0,2,1,1},ECS＝{1}。

步骤 3：节点 E 和 F 从图中去掉,并且信道 2 加到 ECS 中。可以看到,DC 和 ECS 此时都被更新为 DC＝{0,0,0,1},ECS＝{1,2}。

步骤 4：节点 G 从图中去掉,并且信道 4 加到 ECS 中。可以看到,DC 和 ECS 此时都被更新为 DC＝{0,0,0,0},ECS＝{1,2,4}。

这时 ECS 只包含那些必需的信道,ECS＝{1,2,4},即只有第 1、第 2、第 4 信道为必需信道,第 3 信道为非必需信道而被除掉,对应的 ECS 是所有信道集合中的一个子集。最终的最小邻居图如图 7-16 所示。以上最小邻居图的发现算法可以应用于协作节点的聚簇。但实际协作簇的建立,即节点聚簇,依赖于节点间的位置关系,即包含邻居关系在内的拓扑信息。因此,为了使得聚簇机制独立于特定的物理层技术,可以充分利用上层如 MAC 的拓扑信息进行节点聚簇。本节介绍并研究利用上层的拓扑信息进行中继簇的节点划分以及信道资源分配,优化信道资源利用率。

空间通信系统与网络研究参照 CCSDS 的有关建议,结合我国空间通信系统与网络的实际情况,开发空间通信系统与网络适合于空间通信和数据处理系统的各种通信协议和数据处理规范。建立动态利用空间链路的通信,整合端到端资源预留,实现移动 IP,保证安全。本节对信道和调制技术、信息压缩技术、编码格式等技术提出新的方法,对地面数据交换标准格式（SFDU）和交互支持方法做标准化的研究,为未来国际广泛的空间合作打下坚实的技术基础。

7.11 空间通信的网络节点结构

空间通信系统与网络的首要任务是尽可能多地接收探测器发回的数据,因此需要在任何时期都尽可能采用最先进的技术,以不断提高通信链路的性能。其中,提高天线增益和接收机灵敏度、增强航天器发射机的功率,以及采用更大直径的天线是最直接的方法。此外,还包括采用低噪声接收机、提高天线效率、改进编码技术、改进调制和检测系统。利用虚拟 MIMO 和分形天线、阵列天线技术将是解决问题的关键。在前人研究的基础上,本节重点研究高性能 CPU 和高效 DSP 算法平台,在此平台控制下完成信号的发射、接收和分析处理,对照数据库,完成信息提取。实现 X 频段、Ka 频段及通信波段信号分析和处理,提高提取的速度和质量。

空间通信系统包括天线子系统（包括卡塞格林天线、天线馈源、天线控制器、天线驱动）,射频发射分系统（固态功率放大器、上变频器）,射频接收分系统（高灵敏度探测器,低噪声功率放大器、下变频器）,基带和中频设备子系统（QPSK 调制解调器、编解码器）,数据处理终端分系统,监控分系统,如图 7-17 所示。

（1）天线子系统,完成对相应探测器的信号发射和接收功能。

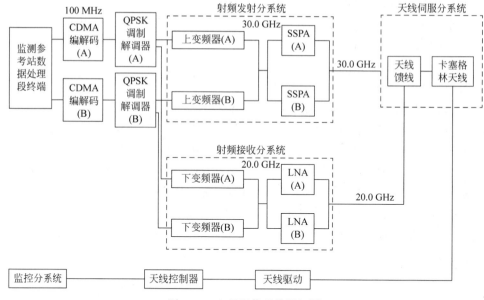

图 7-17　空间通信系统框架图

　　射频发射分系统和接收分系统：对高功率放大器和低噪声信号放大器以及上下变频器均使用了主备两组设备,并采用分路再合路的连接以提高系统的抗故障能力和可靠性。

　　(2) 监控分系统,对卫星子系统的所有设备进行状态监控、信道控制以及故障隔离。

　　研究行星际超远距离测控通信系统、空间-近地中继通信与信息公共服务技术体系,实现超远距离传输的措施有：使用高灵敏度调制码、高增益大功率放大器、外差相干和先进算法、多天线复用降低波特率、高增益天线等,具体措施如下。

　　建立空间探测数据处理中心,该中心通过电子计算机系统控制天线指向,接收并处理遥测数据,传输指令和生成航天器导航数据。所有数据在各自的空间设施经过处理后,被传送到中国国家航天局数据中心进行进一步处理,然后根据接入管理与服务管理,提供空间通信与信息服务,通过现代地面通信网络发送给各个科研团队。解决互联网业务、路径业务、包装业务、多路复用业务、比特流业务、虚拟信道访问业务、虚拟信道数据单元业务和插入业务,用区分服务模块完成接入管理与服务管理,通过核心网平台和服务器建立空间通信与信息服务技术体系,定义端到端、用户与核心网、用户与探测器、探测器与探测器、探测器与核心网之间的协议集,实现标准协议的构建与开发。针对空间航天器之间的邻近链路,开发邻近链路协议,提供单工、半双工、全双工等灵活工作方式以及多频段的通信,采用先握手互设参数、后通信的方法。提出空间通信协议和空间文件传输协议,适用于使用大容量存储器的航天器,在空间进行大数据文件的可靠安全的传输与操作。把地面互联网扩展到近空和空间。建立动态利用空间链路的通信,整合端到端资源预留,实现移动 IP,保证安全等一系列措施。对信道和调制技术、信息压缩技术、时间码格式等技术提出新的方法,尤其对地面数据交换标准格式和交互支持方法做大量标准化的规范研究,为未来国际广泛的空间合作打下坚实的技术基础。制定和推广应用与空间信息有关的国际标准。

7.12　空间通信的软件协议

我国现行航天测控标准主要源于靶场仪器组(Inter-Range Instrumentation Group,IRIG)标准和欧洲空间局(ESA)标准。遥测技术标准基本参照 IRIG 标准,该标准适用于各种导弹、运载火箭等航天飞行器,技术条文明确、成熟,在靶场遥测领域预计会长期使用。我国航天器测控和数据管理技术标准大部分参照 ESA 标准,载人航天工程的现行测控体制是 ESA USB 标准的多副载波与残余载波跟踪的单站定轨测控体制、上下行载波调相、双程侧音测距与相干载波多普勒测速、残余载波多通道单脉冲测角,基本符合 CCSDS 建议采用的残余载波与载波抑制并存的多载波混合体制。目前,国内航天测控通信总体研究部门正在积极开展符合 CCSDS 建议书的系列标准制定工作。我国 20 世纪 90 年代初开始跟踪研究 CCSDS 建议,经过 40 多年的努力,已实现了从单纯的跟踪研究到工程应用、前沿技术验证的转变。1999 年 5 月发射的"实践五号"探测器上,首次对神舟飞船有效载荷数管系统的主要技术进行了先期在轨飞行验证性试验,这次试验取得了圆满成功,达到了预期目的,特别是采用 CCSDS 建议的数据系统可以在空间正常工作。2001 年初发射的"神舟二号"飞船是国内公用航天器首次采用 CCSDS 建议,实现了高速多路复接器,按该标准组装数据,通过 S 频段发射器下行。2007 年下半年发射的"嫦娥一号"月球探测器,其载荷数据管理系统(PDMS)中的高速复接器也按 CCSDS 建议组装数据下行。2008 年上半年发射的"风云三号"气象探测器,在其 L 频段的实时传输信道、X 频段的实时及时延传输信道中,都采用了 CCSDS 的 AOS 建议。2014 年我国实施了探月工程三期再入返回飞行试验。根据我国航天科技发展规划,在航天测控通信领域逐渐采用 CCSDS 建议已经成为必然。

空间信息网通信协议体系结构自下而上包括:物理层、数据链路层、网络层、运输层和应用层。其中的每一层又包括若干个可供组合的协议,可推动形成 CCSDS 建议。其中地面网包括整个地面支持网络,既有航天专用网,也有公用网。它既包括地基系统,也包括通过通信探测器的中继系统。空间链路层又由两个子层构成:虚拟信道链路控制(virtual channel link control,VCLC)子层和虚拟信道访问(virtual channel access,VCA)子层,它们都位于物理信道层之上。在 SLS 的 6 种业务中,包装、复用、位流业务由 VCLC 子层提供,虚拟信道存取、虚拟信道数据单元、插入业务由 VCA 子层提供。物理层的处理主要在基带和射频中进行,业务软件主要进行层 2 和部分高层的处理。业务软件的主要子模块划分和工作示意图如图 7-18 所示,大致分为数据面、控制面和接入网关三大部分。协议具备开放性和可扩展性、支持多方接入。采用功率控制、自适应调制编码和混合自动重传请求(hybrid automatic repeat-request,HARQ)等跨层处理,不但提高了频谱自适应性,而且提高了链路的效率和可靠性;优化子载波分配策略,实现自适应的频率复用,降低系统干扰的影响;支持 TCP 代理,提高了 TCP 应用的效率。

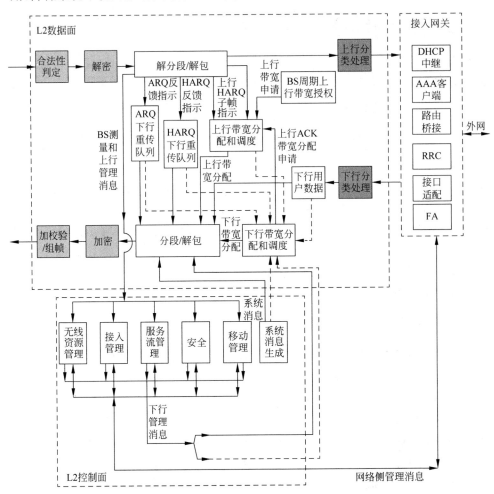

图 7-18　软件各模块划分和工作示意图

　　为了实现可管控、中继数据地面送到用户端的稳定通信能力,本节引入"E1-以太网转换器"模块,该模块可以集成到动态频谱共享(dynamic spectrum sharing,DSS),也可以单独做成一个设备。E1-以太网转换器原理示意图如图 7-19 所示。

　　空间网采用全 IP、模块化、可扩展的网络体系结构和区分服务机制,可实现数据信息提取、接入管理与服务管理,为用户提供公共信息服务。基于 TDM 的业务

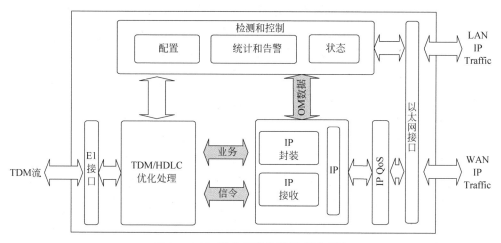

图 7-19 E1-以太网转换器原理示意图

通过 E1 接口被转换成串行的比特流,然后通过高级数据链路控(high-level data link control,HDLC)和时分多路复用(time division multiplexing,TDM)模块对数据进行成帧处理及实时压缩,最后通过 IP 封装模块封装成用户数据协议(user datagram protocol,UDP)包发往对端。对端则通过相反的过程解码成 E1 电路信号。同时,每个模块提供相应的配置和统计监控接口,用以进行配置和统计分析。在 TDM/HDLC 优化处理中,对 E1 帧内容进行分析,提取出有效的 TDM 数据,去除集成开发环境(IDLE)帧信息和空闲信道信息,将数据提交给压缩/解压缩单元,进行无损压缩;同时,TDM 处理模块还针对特定的协议的接口(如 GSM Abis)做了专门的压缩优化,去除了中间的安全标识码(security identifiers,SID)和波束失败恢复(beam failure recovery,BFR)帧,进一步节约了带宽,提高了系统的性能。此外在 E1 接口和以太网接口需要提取或者恢复 E1 时钟,以便远端的某些设备(如全球移动通信系统(Global System for Mobile Communication,GSM)实现时钟同步。前期通过以太网连接,小型微型站和动态频谱共享可以共电源。

7.13 空间通信的研究现状及发展趋势

本节面向地月、火星及小行星等太阳系探测任务,开展行星际超远距离测控、空间-近地中继通信与信息公共服务技术体系研究,为形成我国空间-地面互联网-用户的通信与信息公共服务能力,建设空间通信与信息服务公用设施奠定技术基础。X 频段是目前常用的空间探测频段,也是未来空间测控的主用频段,与现在使用的 S 频段相比,可以获得更宽的带宽,而且设备本身体积更小、质量更轻、能耗更低,可以更好地提高探测器的性能。对开展星上测控应答,对地面的发射、接收、测量都有重要的科学意义。Ka 频段是现在太空探测中能用到的最高的微波频段,也是世界各国竞相开发利用的波段。光通信波段相对微波频率提高了上千倍,接收灵敏度更高,增益更大,探测距离更远,传输带宽更高,体积更小,但瞄准和跟踪等技术也更复杂,是空间探测与通信发展的方向。开展探测器样机和高增益双频天线的研究是空间探测的基础和必要条件。开展极弱信号捕获与跟踪、高灵敏度极低码率接收与解调的研究符合空间探测的实际情况。空间探测器即使在轨正常运行,其姿态和运行轨迹也在不断地变化之中,捕获和跟踪需要采用高性能 CPU 自动跟踪控制,形成闭环的跟踪控制方式。高灵敏度和极低码率的接收和解调是延长通信距离,实现星际太空探测的有效方法。开展数据信息提取、接入管理与服务管理、空间通信与信息服务技术体系等关键技术研究并实现标准协议的构建与开发,有利于综合利用探测数据进行分析提炼,深度挖掘探测数据隐藏的信息与规律。建立接入管理与服务管理、空间通信与信息服务技术体系,有利于用户利用太空探测数据,尽快产生实际价值与成果回馈社会,提高用户的兴趣和获得感,更好地推动空间探测与通信的进步,因而具有深远的历史意义和现实价值。

21 世纪的空间探测将可能集中在三个方面:第一,开发利用月球物质资源,然后利用开发月球的经验,进而开发火星;第二,在科学认识上的进展,访问海王星和知之甚少的水星;第三,继续寻找太阳系内除地球外尚可能存在生命形式的其他天体。

20 世纪 50 年代末开始,美国和苏联是行星探测的主要力量,它们通过发射无人行星探测器对太阳系内行星进行了大量的探测,极大地提高了对太阳系的认识程度。近些年来,空间探测再次成为航天技术发展的热点。目前,美国国家航空航天局、欧洲空间局和俄罗斯等国家与组织已经建立了空间测控系统或测控网。法国、意大利和印度等国也在计划建立自己的空间站,用于对空间探测器进行测控。它们在空间通信系统与网络的建设方面,进行了长期深入的研究,取得了很好的研究成果。

美国的喷气推进实验室(Jet Propulsion Laboratory,JPL)是一个以无人飞行器探索太阳系的研究中心,其飞船已经到过全部已知的大行星。JPL 位于加利福尼亚州帕萨迪那,是美国国家航空航天局的一个下属机构,负责为美国国家航空航天局开发和管理无人空间探测任务,行政上属于加州理工学院管理,始建于 1936年,由当年加州理工学院的教授西奥多·冯·卡门领导创建。深空网(deep space network,DSN)是唯一可以为几十个空间探测任务同时提供服务的系统。目前深空网正支持着大约 30 个探测器,这其中既包括地球轨道上的一些探测器,也包括对近地小行星、月球、水星和金星所进行的雷达探测。近 5 年来,深空网已发生了很大的变化,不仅扩展了规模,更重要的是在技术和性能上有了极大的提高,遥测接收能力从开始的 8 比特每秒增加到几十甚至上千兆比特每秒。美国的深空网由位于美国加利福尼亚的戈尔德斯敦、澳大利亚堪培拉和西班牙马德里的 3 个地面终端设施组成,相互之间经度相隔约 120°,这样可以在空间探测器的跟踪、测量中提供连续观测和适当的重叠弧段。每个地面终端设施至少包含 4 个空间站,并且每个 DSS 都配有高灵敏度的接收系统、大功率发射机、信号处理中心和通信网络系统等。深空网的 70 m 天线子网包含 3 副 70 m 直径天线,它们分别是位于戈尔德斯敦的 DSS 14(图 7-20),堪培拉附近的 DSS 43(图 7-21),马德里附近的 DSS 63。

图 7-20　位于戈尔德斯敦的 70 m 天线

图 7-21　位于堪培拉的 70 m 和 34 m 天线

所有天线都具有 L、S 和 X 频段的接收能力,以及 S、X 频段的发射能力。DSS 14 还拥有一个金石太阳系统雷达(GSSR),它不仅可以工作在正常的接收频段上,还可以在 Ka 频段(22 GHz)所有的 DSS 都是由各自空间设施的信号处理中心远程控制。在 2010 年已实现大于 40 Mbit/s 的高速数据传输。JPL 已建立了光学通信技术实验室,并研发出了 1 m 直径光学望远镜样机进行试验。从长远来看,JPL 将在大多数空间任务中采用光通信,以支持无法用射频通信满足的高速数据传输任务。2020 年实现行星自动探测器 1000 Mbit/s 的高速数据传输,并在增强光通信性能后支持 2030 年载人火星探测计划。NASA 计划在南半球和北半球的 2 个或 3 个不同经度位置上布设甚大规模天线阵。每个天线阵由数千副天线组成,该甚大规模天线阵计划的具体目标是:到 2020 年,以负担得起的投入将空间网的信号接收能力提高 100～500 倍。

1. 苏联测控中心

1961 年,苏联开始了“金星-1”探测计划,研制出第一代空间无线电探测系统“冥王星”。该系统由辛菲罗波尔站和埃夫帕托利亚站(在乌克兰境内)组成。辛菲罗波尔站使用直径为 25 m 的天线,埃夫帕托利亚站使用 8 个天线组成的天线阵,单个天线直径 8 m,发送速率 0.16 bit/s,接收速率 64 bit/s。测速和测距精度分别为 100 mm/s 和 400 m。1972 年该系统完成使命退役。20 世纪 70 年代,苏联研制出了第二代空间无线电探测系统“土星-MC”,在埃夫帕托利亚站和乌苏里斯克分别建造了直径为 32 m 和 70 m 的天线,第二阶段金星计划也使用了该系统。20 世纪 70 年代中期,为了执行“火星-3”计划,苏联研制出了第三代空间无线电探测系统“Kvant-D”。1980—1986 年,该系统在埃夫帕托利亚、乌苏里斯克与莫斯科附近的熊湖跟踪站投入运行,如图 7-22 所示。

图 7-22　苏联研制的第三代空间无线电探测系统"Kvant-D"

该系统拥有 0.5 mm/s 的测速精度和 10 m 的测距精度,埃夫帕托利亚和乌苏里斯克配置的是 32 m 站和 70 m 站,熊湖配置 32 m 站和 64 m 站。以"Kvant-D"为基础形成的空间探测网能够控制太阳系范围内活动的星际探测器,以及高远地点地球探测器(6×10^6 km)。

2. 欧洲空间局的空间探测网

为了对越来越多的空间探测站提供测控支持,欧洲空间局(ESA)积极建设自己的空间网,其中位于澳大利亚珀斯附近新诺舍的 35 m 空间地面站已于 2002 年 10 月建成并投入使用,位于西班牙马德里西北 70 km 的塞布莱罗斯 35 m 空间地面站于 2005 年 9 月正式投入使用。在经度相隔 120°左右的阿根廷门多萨省的乌拉圭市以南 30 km 选址建设第三个空间地面站,在 2012 年年中投入使用。3 个空间地面站性能指标基本相同。为支持空间任务,ESA 测控网其他 7 个 15 m 或 10 m 测控站根据需要也参与部分空间测控任务。ESA 航天操作中心(ESOC)是综合性航天器操作与管理中心,主要负责高/低轨探测器、同步探测器和空间航天器等任务的发射段测控、运行段轨道控制以及应急测控,对所属地面站的远程控制和监视,生成测控计划,设备维护和保养。ESOC 建有主任务控制大厅以及与空间测控密切相关的"火星快车"日常操作室,如"罗赛特"(Rosetta)航天器日常操作室,地面站远程控制机房,通信网管控制机房,中心计算机与网络管理机房,以及仿真实验室等设施。"火星快车"与"罗赛特"航天器控制室主要负责这两个航天器长期的操作与管理。地面站远程控制机房可以对新诺舍 35 m 空间站实施远程控制和状态监视。目前 ESA 所有核心地面站均通过位于 ESOC 的一套设备——地面站设备控制中心(GFCC)完成远程操控。自动化运行最主要的好处在于,把操作者从重复性任务中解脱出来,使每个员工能够承担更多测控站操作,并且降低了操作失误的风险。

3. 我国的研究现状

我国探月工程的启动是空间探索的第一步,标志着我国空间探测计划的开始。随着我国经济和科技实力的不断增强,将进一步开展空间探测,中国未来空间探测工程将实施四次重大任务。除举世瞩目的两次火星探测外,还有一次小行星探测,以及一次木星和行星的探测。尽早建成我国的空间测控通信系统,还需要对一系列国内尚未突破的关键技术进行科研攻关,并开展一定的国际技术合作,使其在技术性能上基本达到国际水平,实现与国际联网。中国空间探测网的建设此前已按规划全面展开,初步形成一定规模,圆满完成了"嫦娥一号"探测器的测控任务,为中国航天测控事业写下了新的一页。

　　根据任务需要,要在喀什站安装口径达到 35 m 的测控天线,在佳木斯站安装口径达到 64 m 并同时具备 S、X 和 Ka 三个频段功能的测控天线,同时在南美建设第三个拥有大口径天线的空间测控站。由这三个测控站构成的三站联网的空间探测网,用于支持中国将来的载人登月、火星探测和其他空间探测任务。喀什站和佳木斯站在 2012 年建成,为"嫦娥三号""嫦娥四号""嫦娥五号"探测器提供测控支持,南美的测控站在 2016 年建成,为探月三期工程,也就是"嫦娥"探测器返回提供支持。"嫦娥二号"在空间测控通信技术方面有多个首次突破:首次试验低密度校验码(LDPC)遥测信道编码技术,以提高星地通信能力;首次试验 X 频段测控体制和校差差分单向测距等技术,以提高探测器测定轨精度;首次开展紫外敏感器自主导航、高速数据传输。2004 年 1 月,国务院批准绕月探测工程立项,命名为"嫦娥工程"。2006 年 2 月,国务院颁布《国家中长期科学和技术发展规划纲要(2006—2020 年)》,明确将"载人航天与探月工程"列入国家 16 个重大科技专项,如图 7-23 所示。

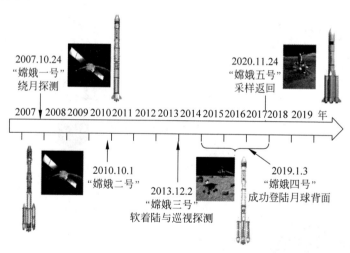

图 7-23　载人航天与探月工程

　　探月工程一期的任务是实现环绕月球探测。"嫦娥一号"探测器于 2007 年 10 月 24 日发射,在轨有效探测 16 个月,2009 年 3 月成功受控撞月,实现中国自主研制的探测器进入月球轨道并获得全月图,如图 7-24 所示。

　　探月工程二期的任务是实现月面软着陆和自动巡视勘察。"嫦娥二号"于

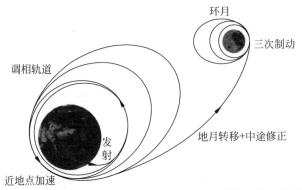

图 7-24　中国自主研制的探测器进入月球轨道并获得全月图

2010 年 10 月 1 日发射,作为先导星,为二期工作进行了多项技术验证,并开展了多项拓展试验,目前已结束任务。"嫦娥三号"探测器于 2013 年 12 月 2 日发射,12 月 14 日实现落月,开展了月面巡视勘察,获得了大量工程和科学数据。"嫦娥三号"着陆器成为月球表面工作时间最长的人造航天器。"嫦娥四号"任务是"嫦娥三号"的备份,正组织论证,优化工程任务和科学探测目标。

探月工程三期的任务是实现无人采样返回,于 2011 年立项。2014 年 10 月 24 日,我国实施了探月工程三期再入返回飞行试验任务,验证返回器接近第二宇宙速度再入返回地球相关关键技术。11 月 1 日,飞行器服务舱与返回器分离,返回器顺利着陆预定区域,试验任务取得圆满成功。随后服务舱继续开展拓展试验,先后完成了远地点 54 万千米、近地点 600 km 大椭圆轨道拓展试验、环绕地月 L2 点探测、返回月球轨道进行"嫦娥五号"任务相关试验。服务舱后续还将继续开展拓展试验任务,如图 7-25 所示。

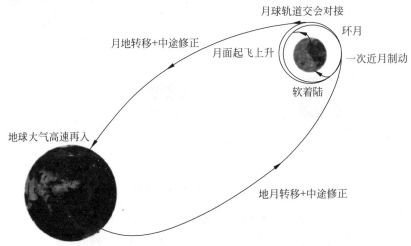

图 7-25　探月工程三期实现无人采样返回,验证返回器接近第二宇宙速度再入返回地球

在激光通信方面中国已率先实现"墨子号"量子光通信(图 7-26),为远距离城际量子密钥分发提供单光子探测技术试验。

2020 年 11 月 24 日,"嫦娥五号"发射成功用长征五号遥五运载火箭成功发射探月工程嫦娥五号探测器顺利将探测器送入预定轨道。

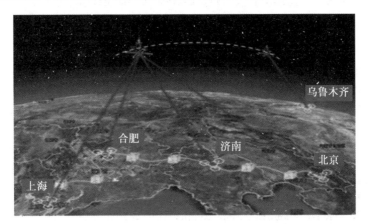

图 7-26　远距离城际量子密钥分发提供单光子探测技术试验

参考文献

[1]　余怀瑾,依那,蒋伟,等.基于 UKF 算法的高机动机载平台多普勒频移估计[J].北京大学学报(自然科学版),2017,53(6):1003-1010.

[2]　王培章,郭道省,李平辉.Ka 波段卫星通信转发器总体设计与仿真[J].微波学报,2016,1:234-237.

[3]　廖春连,刘林海,石立志.Ka 波段高功率放大器设计[J].无线电通信技术,2016,42(5):64-67.

[4]　朱立勇,吴延勇,卓永宁.卫星通信导论[M].4 版.北京:电子工业出版社,2015:3-143.

[5]　贾欣,曾捷,李泽娇,等.适用于无定形节点网络中的干扰抑制的半静态频率复用方法:103517280B[P].2013-10-10.

[6]　刘征远.空中信息高速公路——Ka 波段宽带卫星通信系统[J].中国传媒科技,2012(13):60-62.

[7]　向劲松,潘乐春,张苗苗,等.空间相干光通信中基于 DSP 的多普勒频移补偿技术[J].重庆邮电大学学报(自然科学版),2011,23(4):389-393.

[8]　帅倩,吴国辉,代冀阳.基于 FPGA 的 DDS 设计及实现.现代电子技术[J].2010,324(13):90-92.

[9]　JING Q,GUO Q. Adaptive compensation method for Doppler frequency shift using LMS and phase estimation[J]. Journal of Systems Engineering and Electronics,2009,20(5):913-919.

[10]　王国平.通信系统中的多普勒频移估计的研究[D].成都:电子科技大学,2008.

[11]　田耘,徐文波.Xilinx FPGA 开发实用教程[M].北京:清华大学出版社,2008.

［12］ ZUREK P. Implementting FPGA technology in ultrasound diagnostic device［C］. Proceedings of the 5th International Conference on Information Technology and Application in Biomedicine. IEEE,2008.

［13］ 任鹏. 一种基于 DDS 和 PLL 技术本振源的设计与实现[J]. 电子技术,2008(9)：178-180.

［14］ 韩振宇,张海英,刘洪民,等. Ka 波段低噪声放大器的设计[J]. 电子器件,2004,27(3)：389-392.

［15］ GROSSGLAUSER M T. Mobility increases the capacity of Ad-Hoc wireless networks[J]. IEEE/ACM Transactions,2002,10(4)：477-486.

［16］ 成跃进. Ka 波段通信卫星与 Ka 波段转发器技术[J]. 空间电子技术,2002,2：20-31.

［17］ 邹涌泉,甘体国. Ka 波段低噪声放大器的研制[J]. 电讯技术,2001,41(1)：29-30.

［18］ 汪春霆,王爱华. Ka 频段卫星通信系统的设计[J]. 电信快报,2000,5：10-32.

［19］ 王琦,王毅凡. Ka 波段通信卫星发展应用现状[J]. 卫星与网络,2000,8：20-27,389-392.

［20］ GORDON J,JAKKO T. Doppler compensation and code acquisition techniques for LEO satellite mobile radio communications[C]. Satellite system for mobile communications and navigation,1996：16-19.

［21］ LUISE M,REGGIANINI R. Carrier frequency recovery in all digital modems for burst-mode[J]. Transmission IEEE trans commun,1995,43(2)：1169-1178.

［22］ SIMON M,DIVSALAR D. Doppler-corrected differential detections of MPSK[J]. IEEE Trans. Comm. ,1989,37(2)：99-109.

［23］ VILNRITTER V A,KUMAR R, HINEDI S. Frequency estimation techniques for high dynamic trajectories[J]. IEEE Transactions on Aerospace and electronic system,1989,25(4)：559-577.

［24］ HURD W,STATMAN J,VILNRITTER V. High dynamic GPS receiver using maximum likelihood estimation and frequency tracking[J]. IEEE Transactions on Aerospace and Electronic Systems,1987,23(4)：425-437.

［25］ 刘剑锋,王虹淞,李云. 卫星移动通信多普勒频移补偿研究[J]. 重庆邮电大学学报,2014,26(3)：352-357,372.

［26］ 牛鑫,张更新,于坚. 卫星移动通信系统多普勒频移及补偿[J]. 军事通信技术,2002,23(3)：46-50.

第8章

高功率线性宽带功率放大器

空间通信的主要问题是距离遥远,高功率线性宽带功率放大器的研究是一个具有挑战性的工作,只有在原理和结构设计上争取突破,才能在现有的器件和工艺水平上实现指定的系统目标。为了满足空间通信的带宽和高功率要求,需要研究一种基于现场可编程门阵列(FPGA)自适应预失真结构。经过认真的分析和研究,人们认为高功率线性宽带放大器技术难点在于自适应预失真结构和高速率的自适应算法,它们决定了高功率线性宽带放大器的成功与否。高功率线性宽带功率放大器的研究除了难点技术,还涉及许多关键技术,如多通道射频和多载波功率放大器的研究。

8.1 概述

功率放大模块在移动通信基站的成本中占有近20%的比重,我国的移动通信基站制造长期以来依靠从韩国、以色列等国进口功放模块,价格昂贵,而宽带功放线性化所需的关键器件则受欧美进口限制。研究宽带射频系统的功放线性化技术就是为了打破进口限制,研究解决 OFDM 技术的高峰均功率比问题,提高功率放大器(high power amplifier,HPA)的线性度和效率,满足未来基站设备的小型化需求,达到省电的目的,从总体上提高基站的性价比,提高我国在宽带射频线性化高技术方面的国际竞争力。

高性能的数字预失真(digital pre-distortion,DPD)宽带功率放大器的线性化技术的研究包括开发一种带宽的自适应预失真结构,一种高速自适应预失真控制和处理算法,一种高性能的模拟正交调制(AQM)失衡补偿算法,多通道射频板和多载波功率放大器的研究。研究适合基于 OFDM 调制技术的宽带功率放大器的预失真技术,达到改善宽带功率放大器的线性度、提高放大器的工作效率的目的。

为了提高功率放大器的线性度和效率,一是选择合适的超线性半导体器件,设计出高性能的宽带发射机,这种办法花费巨大,并且技术难度很高;二是对整个发射通道进行功率回退,使发射通道工作在线性区,这种方法大大降低了系统的工作效率;三是目前出现了很多功率放大器的线性化技术,有前馈法、反馈法、预失真法和用非线性部件实现线性化(LINC)等。前馈技术的效果最好,但电路复杂,为了在工作环境变化时保证工作稳定性,需要增加较大的成本;反馈技术由于存在潜在的不稳定问题,故需要特别处理时延和带宽,这使放大器的带宽很窄,不适合做宽带功率放大。随着数字信号处理(digital signal processor,DSP)技术的飞速发展,其为线性化技术提供了有效手段,出现了自适应预失真技术。在预失真系统中,信号首先通过一个数字预失真器进行矫正,然后送到功率放大器进行放大输出。预失真器产生的信号失真特性与发送通道的失真特性相反,可以抵消失真分量,得到无失真的信号输出。该技术电路结构简单,工作稳定,适用于宽带系统,故是一种具有应用前景的线性化技术。国外有 PMC、Intersil 等公司推出了芯片级解决方案,国内虽然有科研院所和大学进行了这方面的研究,但是开发的功率放大器效率不高且性能指标较低。

在第三代数字蜂窝通信系统的基站中,采用多载频线性功放降低成本,减小体积,提高效率。就线性功放的技术而言,目前以前馈技术或前馈加预失真技术为主,包括射频预失真技术和前馈线性化技术相结合的前馈预失真技术。由于在主功放和误差功放前分别加上了射频预失真单元,所以提高了整个系统的线性度和效率。该技术改变了误差通路中的信号特性,使误差放大器也输出有用信号,提高了整个放大系统的性能。考虑到固态功率放大器(SSPA)幅度和相位非线性特性的差异,系统可以采用幅度和相位不平衡调节的射频预失真结构来降低硬件成本。

现有的器件和工艺水平实现高性能的宽带功率放大器难度较大,实现起来较复杂,成本高,体积大,不能满足小型化要求。随着技术的快速发展,在下一代移动通信系统中宽带功率放大器线性化技术的发展趋势是数字预失真技术。

面对这样的情况,我们将立足于现有基础,进行技术创新,掌握核心技术。预失真是补偿放大器非线性失真最好的方法之一。该技术的本质是在功率放大器的输入端采用反失真来抵消功率放大器的非线性失真。通过设计这种随放大器的工作点(输出功率)变化而变化的反失真特性,就能补偿由温度、电源电压、晶体管老化等因素引起工作点变化造成系统性能的下降。目前,预失真技术包括射频预失真、中频预失真和基带预失真三种方法。射频预失真技术具有容易实现、成本低等优点,其缺点是使用射频非线性有源器件,难以调节和控制,不能做到较快的自适应。中频预失真通过调整预失真器的系数,可以补偿由功率放大器的三次互调引起的非线性失真,但这种方法采用模拟电路来实现线性化,对非线性失真的改善效果有限。基带预失真线性化技术不涉及复杂的射频信号处理,只对基带信号进行处理,而且很容易做到自适应,便于采用现代的 DSP 技术来实现,因此,它是一种较好的线性化方法。基于 DPD 技术的线性化系统正逐步成为研究热点。高性能的 DPD-PA 涉及宽带功率放大器的几个限制因素如下所述。

（1）宽带功率放大器的非线性特性：功率放大器的非线性特性会随时间、温度、器件老化以及电压的变化而变化，且因器件的个性而异。

（2）需要低功率、高速模数转换器（ADC）和高速数模转换器（DAC）：对下一代移动通信系统设计而言，DPD 技术的发展趋势是通过采用快速的反馈通路对功率放大器输入进行 DPD 来补偿非线性。

（3）基于 FPGA 的嵌入式系统设计：要满足 IMT-Advanced 的无线传输带宽要求，只有当 DPD 功能的逻辑资源非常大时才能在现有的器件和工艺水平上实现这么高的性能。

8.2　高功率宽带线性放大器的基本原理

对于未来高速率的数据传输，将采用 SSPA、TWTA、klystron HPA（调速管高功率放大器）类型的功率放大器进行信号放大，在移动通信系统中通常用 SSPA 代替 TWTA。目前，关于 SSPA 在 OFDM 系统中的应用报道不是很多，这样，对 SSPA 的非线性特性建模研究就比较困难，也是一种挑战。

对 DPD 的专用集成电路（ASIC）设计与开发所采用的方案是以 DSP 为核心，基于 ASIC 的实时预失真系统，原理如图 8-1 所示。基于 DPD-RRU 拉远基站设计与开发，DPD 功能已经成功地在 DPD-RRU 拉远基站上运行起来了，功率放大器的效率可以达到 18% 以上。测试环境框图如图 8-2 所示：DPD 测试环境框图由基带信号发生器、DPD-RRU 拉远基站、高功率放大器和频谱分析仪组成。基带信号发生器采用 R&S 公司的 AMIQ 信号发生器，分别生成一个、二个、三个和四个宽带码分多址（WCDMA）载波，DPD-RRU 拉远基站是已设计和开发的设备，高功率

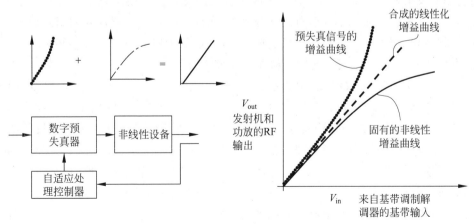

图 8-1　DPD 原理示意图

图 8-2　数字预失真测试环境框图

放大器采用 Intechware 公司 30 W 的功放,频谱分析仪采用了 R&S 的矢量信号分析仪。输入信号条件为:2FA,PAR=7.0 dB,AVE POWER=−10.5 dB,输出功率为 30 W(平均功率)(44.8 dBm)。测试结果以两载波为例,图 8-1 为无预失真和有预失真 HPA 输出信号的功率谱的比较,黑色表示没有预失真功能的频谱图,圈线表示具有预失真功能的频谱图。从图中可以看出,使用预失真技术比不使用预失真技术较好地补偿了 HPA(高功率放大器)的非线性失真。消除了肩膀效应,补偿的带宽已达到 10 MHz。

　　宽带 DPD 功放温度补偿方法和系统可以实时直接监测和补偿功率放大器的温度系数值,从而较精确地控制功率放大器的温漂问题,维持功率放大器的稳定性恒定,可以提高 DPD 功放系统的正确性,降低甚至克服环境温度对功放系数的温漂影响。其系统结构简单,只需采用数字温度传感器即可,可以保证批量的 DPD 功放在全温范围下的线性指标,降低了器件成本,提高了系统的稳定性。

8.3　高功率空间通信线性化放大器的结构

　　高功率放大器需要保持其工作点在接近压缩点的位置以获得高的效率,这样就需要在发射机加入线性化技术以满足其平坦度和效率的需要。DPD 是现阶段流行的线性化发展趋势,其为功率放大器提供了动态调整、非线性校准和线性预失真、抑制发射机带外噪声的功能。它将发射机的复杂性转换到数字域进行算法校准,从而从总体上简化了发射机的设计难度,去除了功率放大器需要的诸多模拟校准和线性化部分,降低了功率放大器成本,提高了放大器效率。同时它还可以校准由发射信号 I、Q 不平衡引起的本振泄漏和直流偏移。

　　图 8-3 所示为 DPD 系统功能框图,该框图说明了 DPD 的基本结构以及各功能模块的功能。DPD 系统需要使用直接上变频或者超外差二次变频宽中频发射机结构。发射信号在功率放大器后耦合出一定能量的信号通过射频接收机接收,变换为零中频,通过高速模数转换数字化后进入高速 FPGA。首先 FPGA 对接收到的反馈信号进行数字中频处理,主要是数字下变频、采样速率转换、数字滤波等,然后进入先进先出(first in first out,FIFO)中进行缓存,缓存后数据进入 DSP 进行信号分析,动态分析功率放大器综合动态模型,计算出进行预失真需要的滤波器系数和非线性校准表,用于对基带信号进行预失真。

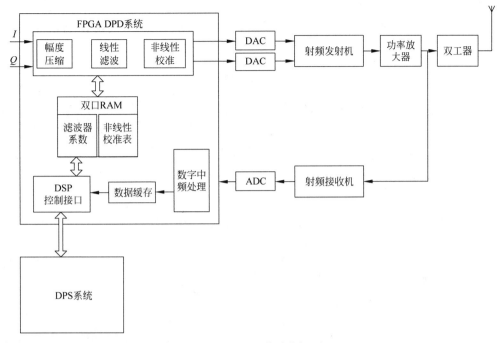

图 8-3 DPD 系统功能框图

8.4 高功率空间通信放大器的建模方法

线性化技术都需要建立精确的功放模型,以描述功放的非线性特性和记忆效应,并定量地分析它们对通信系统所造成的影响。相对于前馈线性化技术而言,预失真技术与功放模型的关系更加密切,线性化效果的好坏,在很大程度上取决于所建立的功放模型的有效性。

针对功放建模方法中存在的问题,本节直接从功率放大器的本身特性出发,利用射频功率放大器的无记忆非线性和记忆效应有着不同的表现形式这一特点,将采用无记忆非线性模型与记忆非线性辨识模型相结合的混合建模思想,实现对宽带射频功率放大器的建模,改善功率放大器模型的记忆效应精度。

该建模方法的优点是:结合了基于无记忆非线性模型和基于记忆多项式模型两种建模方法的优点,模型简单,可靠性高,计算参数较少,实用性好。

正交调制模拟信号退化模型可以通过以下三方面表示:

(1) 直接转换发射机 I、Q 输出失真影响,幅度不平衡,相位不平衡,DAC 直流偏移不平衡;

(2) DAC 的 $\sin(x)/x$ 的响应;

(3) 数字预失真对原始基带信号引起的畸变。

基带信号进入 FPGA 首先需要进行精确的幅度压缩,以控制功率放大器输入信号的动态范围,从而可以满足整个预失真环路能量需求。其实现算法如图 8-4 所示。

图 8-4　基带信号进入 FPGA 进行精确的幅度压缩算法实现

幅度压缩后需要进行的是线性滤波,主要用以消除功率放大器的肩膀效应。该线性滤波器为有限冲激响应(FIR)滤波器,可以采用多种设计方法实现。

DPD 需要的关键一步为非线性校准,其实现功能框图如图 8-5 所示。

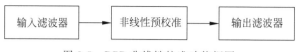

图 8-5　DPD 非线性校准功能框图

输入滤波器是为补偿前级线性滤波器引起的通带畸变。非线性预校准按照接收链路采集到的发射链路响应曲线反转基带信号到放大器的饱和点,使得基带信号频谱与发射链路可以互相补偿。输出滤波器主要用于输出信号的插值和滤波,使得基带数据满足 DAC 转换需求。

非线性预校准实现框图如图 8-6 所示。

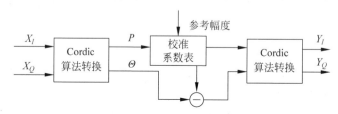

图 8-6　非线性预校准实现框图

从基带输入的 I、Q 信号,经坐标旋转数字计算方法转换成极坐标信号(P,Θ),相位信息进入减法器,幅度信息进入校准系数表,通过 DSP 运算的反馈信号的特性参数曲线对输入的基带信号进行幅度和相位的较准,输出信号再转换为 I、Q 信号。

DPD 系统需要完成的工作包括:

(1) 保证功率放大器的效率和频谱模板满足规定的要求;

(2) 最小化带内影响,最小化有用信号的失真;

(3) 随温度变化在全动态范围对整个发射链路进行校准;

(4) 可以进行自适应处理;

（5）采用消波技术，降低发射信号的峰均比。

为了提高功率放大器的线性度和效率，这里介绍一种基于百兆赫兹带宽的 DPD 功放装置。该装置工作在 3.5 GHz，工作带宽大于 100 MHz，调制信号为 OFDM 信号。基于百兆赫兹带宽的 DPD 功放装置由预失真发射器、DAC、滤波器、上变频器、功率放大器、耦合器、下变频器、滤波器、ADC、误差信号提取和自适应算法、本振单元组成。预失真发射器是将来自基带的 I、Q 数字信号处理变换为失真信号，DAC 把数字信号转换为模拟中频信号，上变频器是把中频信号上变频为 3.5 GHz 的射频信号，功率放大器是把小信号放大到一定功率电平。耦合器是把功放输出的信号耦合一部分出来，下变频器是将耦合信号下变频为中频信号，ADC 是将耦合模拟信号转换为数字信号，误差信号提取是用来提取耦合信号和基带信号相比较产生的误差信号，自适应算法根据误差信号输出需要补偿信号的数据。

8.5　空间通信线性化高功率放大器的自适应算法

自适应预失真技术的关键在于自适应算法，目前，DPD 的基本算法主要有两种，一种是基于查找表（look-up table，LUT）方式，另一种是多项式方式。为了提高收敛速度和精度，需要研究一种高速自适应预失真控制和处理算法，因此，本节介绍一种基于多项式的自适应预失真算法。该算法的突出特点是对时变参数的快速跟踪能力，对设备精度要求低，简单、易于工程实现。

常见的发射机方案大致可以分为两种，直接变换法和两步法：前者将调制和上变频合二为一，可以通过 AQM 实现；后者将调制和上变频分开，先将信号调制到较低的中频（目前大多数采用数字中频），再将已调信号上变频到射频率。随着射频集成电路技术的飞速发展，基于模拟正交调制/解调的直接变换发射/接收方案被广泛应用于现代各种通信系统之中，包括多载波 OFDM 系统、蜂窝移动通信系统等。AQM 具有如下优点：射频电路简单，实现成本低，功耗低，无需运算，适用于高速的数字调制。然而，由于物理器件的缺陷，AQM 的性能指标有所降低，主要表现在以下几个方面：I/Q 两路增益不平衡，I/Q 两路相位不平衡，本振泄漏和自混频引起的直流偏置。AQM 器件的失衡，会引起信号星座图的失真，使误差矢量幅度（EVM）指标恶化，由此带来误码率的增高。因此，有必要在发射机端对 AQM 的失衡进行补偿。目前，AQM 失衡的补偿方法主要有两类：基于芯片级的模拟域补偿方法；基于基带预处理的数字域补偿方法。由于高速数字信号处理芯片的大量出现与性价比的提高，在数字部分进行补偿具有比较高的精度和极低的硬件开销，因而得到了广泛应用。面对这种情况常采取基于训练序列的 AQM 补偿算法。该算法能够优化 AQM 调制所带来的失衡，提高 EVM 的性能指标。

8.6   高功率放大器的自适应数字预失真方法

图 8-7 给出了自适应数字预失真方法的实现框图,主要包含 4 个处理单元:信号预处理(数字上变频和峰值削波处理)、数字预失真内核构造、预失真滤波器系数的初始值估计递归最小二乘法(RLS 算法)和预失真滤波器系数更新最小二乘法(LMS 算法)。

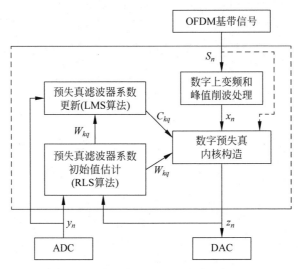

图 8-7   自适应 DPD 方法的实现框图

本节采用两种算法的联合处理,分步执行,达到快速补偿的目的,降低了宽带功率放大器因记忆效应所带来的性能下降,能够有效提高基站系统的发射性能,改善宽带功率放大器的线性度。该方法在实施中已经采用并且实现,实现的结果达到了预期目标。

在宽带功放的线性化技术研究中,充分考虑了 AQM 带来的失衡问题,设计了一种基于粒子群优化(PSO)算法的 AQM 失衡补偿算法和装置。

解决 AQM 失衡动态补偿问题,主要是对 I/Q 不平衡、直流偏置进行动态补偿,动态补偿技术的核心是 AQM 失衡动态补偿算法,目前的补偿方法难以有效快速地对 AQM 失衡补偿器进行调整,不能实现快速的动态补偿。而 PSO 算法是一种高度的并行优化算法,简单、容易实现、收敛速度快,目前 PSO 算法已被广泛应用于函数优化、神经网络训练以及其他应用领域,但还未见将其用于 AQM 失衡补偿问题中。

本节介绍了一种自适应模拟正交调制失衡补偿装置和方法,该装置包括用来产生 OFDM 基带调制 I 信号和 Q 信号的基带信号模块;接收来自基带信号模块的 I 信号和 Q 信号进行 DPD 处理,产生与宽带功率放大器(WPA)模块非线性特

性相反的基带 $s_i(t)$ 信号和 $s_q(t)$ 信号的 DPD 模块；接收来自 DPD 模块已预失真的基带 $s_i(t)$ 信号和 $s_q(t)$ 信号以及 AQM 补偿算法和控制单元计算的补偿参数，对已预失真的基带 $s_i(t)$ 信号和 $s_q(t)$ 信号进行实时纠正处理后送至射频发射通路的正交调制补偿(QMC)单元；QMC 单元的控制参数包括 I/Q 两路直流偏置补偿参数 b_1、b_2，相位不平衡和增益不平衡补偿参数 g_{11}、g_{12}、g_{21}、g_{22}，共 6 个调整参数；接收来自 DPD 模块已预失真的基带 $s_i(t)$ 信号和 $s_q(t)$ 信号以及反馈通路的反馈采样基带 I_B 信号和 Q_B 信号，运用 AQM 补偿算法计算 6 个补偿参数，并将补偿参数送给 QMC 单元的 AQM 补偿算法和控制单元；RF 发射通路包括 DAC 模块，AQM 器件和 WPA 模块，反馈通路包括正交解调器模块和 ADC 模块，连接 AQM 器件和正交解调器模块的本振。

这种方法的优点是自适应 AQM 失衡动态补偿，全局搜索能力强，可以有效快速地补偿 AQM 的增益不平衡，相位不平衡以及直流(direct current,DC)偏置，收敛速度快，补偿效果好，提高了宽带 DPD 系统的性能，且具有较低的硬件实现复杂度与计算复杂度，降低了手动调整次数的需要并提供了非常精确的补偿，可被应用到宽带 DPD 系统中进行 AQM 失衡补偿。

8.7　高功率放大器的数字预失真温度补偿方法

面对下一代移动通信系统的宽带功放是宽带数字预失真功放系统中不可缺少的射频部件。在超宽带功放中，由于传输带宽带来的功放记忆效应会变得更加明显，其中因环境因素带来的功放管热记忆效应不容忽视，那么，在诸多的环境因素中，因环境温度的变化而引起的功放漂移问题就特别突出，如何解决温漂问题是数字预失真功放系统的关键。

从宽带功放模型本身出发，采用最小二乘估计和正交多项式拟合的方法，建立宽带功放的温度模型，介绍一种宽带数字预失真功放的温度直接补偿方法和系统。该系统用于对宽带功率放大器进行温度补偿，包括数字预失真器(DPD)系统、数模转换器(DAC)、射频发射机和宽带功放(PA)、数字温度传感器、射频反馈回路和模数转换器(ADC)。DPD 系统用于对基带 I/Q 数据进行温度补偿预失真处理；DAC 是对 DPD 温度补偿处理后的预失真信号进行数模转换并输出一个零中频的基带信号；射频发射机将对零中频信号经过模拟正交调制到射频频段，然后射频放大，滤波后输出下行射频信号到宽带功放，进行功率放大后送给天线输出；射频反馈回路用于接收经过功放耦合反馈回来的射频信号进行下变频后输出一个模拟中频信号送给 ADC；ADC 将模拟中频信号进行模数转换并输出一个数字中频信号到 DPD 系统；数字温度传感器用于检测功放的环境温度并送给 DPD 系统中数字预失真器的温度模型实现实时温度补偿。DPD 系统为非直接学习结构，包括预失真处理和预失真训练两个子系统，具有完全相同的结构。

8.8   高功率放大器的自适应数字预失真引擎

在 DPD 实验系统的研究中,介绍了一种应用于 DPD 系统的基于可编程器件的自适应 DPD 引擎装置(wideband adaptive digital pre-distortion engine,WADPDE),如图 8-8 所示。该装置包括输入矩阵模块、仿真基带信号发射模块、插值器模块、峰值削波模块、宽带数字预失真器模块、输出矩阵模块、微处理器(microprocessor unit,MPU)控制内核模块和 USB 接口模块。上述模块均通过高速片上通信总线 E 口相互连接,并受微处理器控制内核模块的控制和调度,并集成到一片现场可编程门阵列(FPGA)中实现。

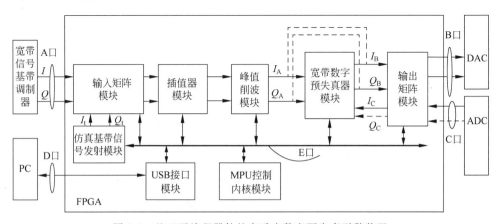

图 8-8   基于可编程器件的自适应数字预失真引擎装置

首先,在前向链路上,来自 OFDM 基带调制解调器的复数基带 I/Q 信号通过 A 口进入 FPGA,输入矩阵模块对 A 口送过来的基带数据进行数据速率匹配和格式转换,然后,送给插值器模块对基带 I/Q 数据进行插值处理,插值的倍数为 f_s/BW,这里的 f_s 为采样时钟,BW 为基带数据带宽大小。峰值削波模块接收来自插值器模块执行插值后的高速数据流中较高的峰均比(peak average power ratio,PAPR)基带信号进行幅度压缩。经过压缩后的基带信号送入宽带数字预失真器模块,同时,利用由系数估计和更新算法模块所提供的参数送给宽带数字预失真器模块进行系数更新,并由宽带数字预失真模块对基带信号进行预失真处理,最后通过输出矩阵模块进行数据速率匹配和时序格式转换之后送到 B 口输出。已预失真信号从 B 口输出后直接进入双通道 DAC 电路,在 DAC 内部进一步内插,并且进行数字单边带调制后作数模转换,输出中频模拟信号经过射频上变频,功率放大器放大后送给天线输出。

其次,在反向链路上,从功放输出耦合出来的射频放大模拟信号的小部分被提取进行下变频、重采样、滤波和重新数字化等处理后,然后通过 C 口进入 FPGA。

首先 FPGA 对接收到的反馈信号进行数字中频处理,主要是数字下变频(digital down converter,DDC),采样速率转换抽取一定倍数基带数据、数字滤波等,然后将抽取后的数据送入信号数据缓冲模块进行缓存。同时,FPGA 捕获已预失真的基带信号经过延迟匹配模块后也存于信号数据缓冲模块,系数估计和更新模块通过接口控制模块把所有的反馈数据和已预失真的基带信号数据从信号数据缓冲中读取出来,然后系数估计和更新算法模块采用自适应算法进行信号频谱分析并产生更新滤波器系数 C_{kq},更新参数存储在系数缓冲模块中,接口控制模块根据更新滤波器系数 C_{kq},实时调整预失真滤波器阵列模块的内部滤波器参数进行数据预失真的处理,并监测系统性能来实现自适应预失真。同时,MPU 控制内核模块通过 E 口配置、管理、控制和监测宽带 DPD 引擎中的所有功能模块。所有的管理、控制和监测信息均经过 USB 接口模块通过 D 口连接到 PC 进行通信。

8.9　高功率放大器的自适应预失真系统

目前,预失真线性化技术分为基带预失真、中频(intermediate frequency,IF)预失真和射频预失真三种技术,其中射频预失真与中频预失真有相似的技术,一般采用模拟电路来实现,而基带预失真由于工作频率低,可以用数字电路实现。数字基带预失真技术广泛采用数字信号处理的硬件和软件来实现,大多数是在基带信号频谱内进行预失真处理,非常适合于基站的功放设计。一般通用的基带预失真结构如图 8-9 所示,经过多路合成的多载波数字信号通过数字预失真器处理,输出经预失真矫正后的信号送给 DAC,射频上变频器,最后由功率放大器 HPA 进行放大,放大后经天线发送出去。同时,功放输出信号的一部分则通过一个耦合器反馈,经过带通滤波器、射频下变频器、ADC,正交解调,转化为基带信号,送到一个自适应预失真算法处理器;自适应预失真算法处理器的另一个输入则是时延的基带输入信号,通过比较这两个信号之差,更新数字预失真器的参数,实现自适应功能。在未来移动通信系统中,由于采用了 OFDM 技术,发送通道对不同频率信号的时延不能近似为一样,用简单的时延方法比较输入输出信号的差别在宽带系统中不

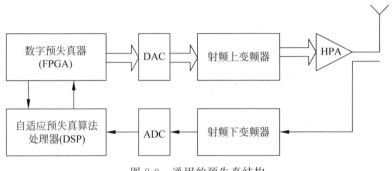

图 8-9　通用的预失真结构

再适用。在通用的预失真结构中,数字预失真器采用 FPGA 实现,自适应预失真算法处理器采用 DSP 来实现,由于 DSP 的运算速度使其带宽小,为了实现带宽超过 100 MHz,需要研究一种基于 FPGA 处理阵列的自适应预失真结构。

传统的数字预失真通常是采用查找表的方式实现的。然而,这种方法被广泛地应用于窄带功率放大器(无记忆非线性系统)线性化。随着传输带宽的增加和多载波的支持,传统的查找表方式不再适合宽带高功率放大器(wideband high power amplifier,W-HPA)的线性化,需要寻找另一种方式来支持宽带信号的数字预失真。本节介绍一种基于多项式的自适应数字预失真装置,结构框图如图 8-10 所示,该系统由前向通路和反馈回路组成:其中前向通路由 OFDM 基带信号模块、DPD 合成处理单元、DAC、射频发射机和 W-HPA 组成;反馈回路由射频接收机和 ADC 组成。

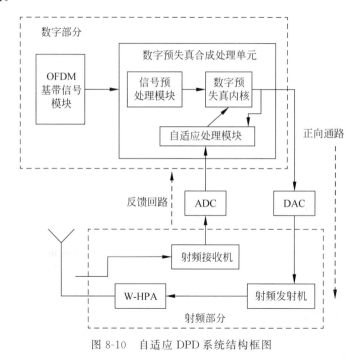

图 8-10   自适应 DPD 系统结构框图

上述系统在开发中已经采用并且得到了设计和实现。

8.10   空间通信线性化高功率放大器的系统实现

要满足 IMT-Advanced 的无线传输带宽的要求,为了可扩展性和灵活性,将采取模块化的设计思想,这样使得设计和实现相对容易些。研究的 DPD 宽带功放实验系统(WALTS)采用了两大关键技术,分别为基于训练序列的 RLS+LMS 混合的自适应滤波算法和可编程逻辑器件的宽带数字预失真引擎机制,具有良好的可用性,WALTS 系统仅功放、射频子系统采用成熟商业芯片,DPD 模块逻辑均为自行研究开发。如图 8-11 所示,本节的系统主要包括 FPGA、发射机(调制器)、功率放大器、反馈回路等几部分。

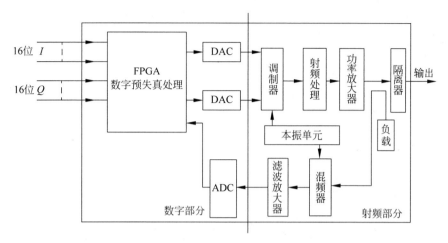

图 8-11　DPD 宽带功放系统框图

其工作原理为功放工作时先接收从基带来的 16 位 I/Q 信号,在 FPGA 里进行预失真处理、削波、数字中频处理,然后进行 DAC,调制成射频信号,进行射频滤波放大到一定功率输出。反馈回路主要是实现对功放输出的信号进行采集,变频通过 ADC 变换成数字信号,然后送给 FPGA 进行处理,提取出误差信号,进行预失真处理。考虑到目前器件发展水平和整个系统的需求,反馈回路采用数字中频结构,主链路采用零中频结构。

其中,FPGA 内部的功能模块框图如图 8-12 所示。

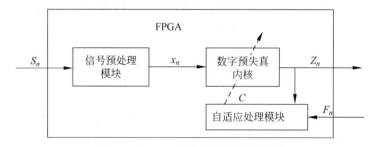

图 8-12　FPGA 内部的功能模块框图

FPGA 包括信号预处理模块、DPD 内核和自适应处理模块。其中信号预处理模块主要对基带信号模块传来的基带下行 I/Q 数据进行接入,实现数字上变频处理和峰值削波处理(crest factor reduction,CFR)。DPD 内核处理经过信号预处理模块的数字信号进行预失真,产生与功率放大器的非线性特性相反的曲线,已产生的预失真发射信号送给 DAC,同时接收经过功放耦合反馈回来的数字中频信号。

自适应处理模块主要实现自适应算法,产生预失真内核的校正系数。数字预失真内核采用基于多项式模型的数字预失真器来实现。

100 MHz 带宽的宽带功放工作原理图如图 8-13 所示。宽带高功率线性放大器模块采用了 TYCO Electronics 公司的 MAAPSS0104 型号,第一级宽带射频功放管模块采用了 Freescale Semiconductor 公司的 MRF7S38010HR3 型号,第二级宽带射频功放管模块采用了 Freescale Semiconductor 公司的 MRF7S38040HR3 型号。

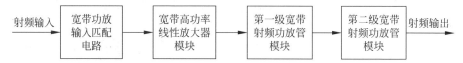

图 8-13　100 MHz 带宽的宽带功放原理图

100 MHz 带宽的宽带功放实物如图 8-14 所示。

图 8-14　100 MHz 带宽的宽带功放实物图

图 8-15 所示是有/无数字预失真的两载波频谱图比较,由图可见通过数字预失真邻道抑制比显著提高了近 15 dB。

为了保证节点使用更长的时间,本系统拟引入节点休眠模式以省电。在节点休眠模式下,节点可以休眠一段时间,然后苏醒过来检测网络节点是否有缓冲的节点数据,如果有则处理并减少其下一次休眠的时间,如果没有则增加下一次休眠的时间直到达到最大值为止。对于节点数据,节点能把握时机,控制好休眠时间及时把数据发给相邻网络节点。通过休眠模式,节点能间断发送和间断接收。网络节点移动管理模块需和相邻节点配合,自适应调制节点的休眠时间,实现在满足数据传送要求情况下的最大省电量。同时,网络节点带宽分配和调度也需要支持节点的省电模式,在满足节点服务质量的前提下尽量保证延长节点的休眠时间。

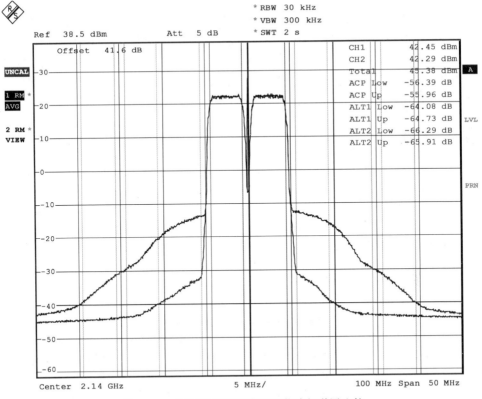

图 8-15　有/无数字预失真的两载波频谱图比较

8.11　空间通信线性化高功率放大器的应用前景

　　目前,在新一代基站中开始广泛采用 DPD 技术和高效率的功率放大器技术来降低基站成本,在未来的移动通信系统中,如果将高性能的 DPD 应用于功率放大器中,无疑将显著提升整个发射机的系统性能,进一步改善功率放大器的线性度。宽带功率放大器的线性化技术的研究,将会在未来的移动通信领域产生巨大的经济效益,随着该技术应用于其他各种产品中,必将创造更大的经济效益。研究具有自主知识产权的 DPD 技术,将填补国内技术的空白。因此,高性能宽带功率放大器的 DPD 技术具有广阔的应用前景,在未来的移动通信系统上将大有作为。

　　网络通信需要从提高功放效率和设备集成度、采用软件节能技术等措施达到节能降耗的目的。提高功放效率是降低网络节点功耗的有效方法。目前有很多技术能提高功放的效率和线性度,它们分别是 Doherty 功放、DPD、包络跟踪(ET)和削峰(CFR)。为了最大限度降低功放的能量消耗,本章研究了三个方案:第一种方案采用 CFR＋DPD＋普通功放;第二种方案采用 CFR＋DPD＋Doherty 功放;

在第三种方案考虑 CFR＋DPD＋ET 功放,最终将实现接近 50％的功放效率。图 8-15 给出了前期研究的 Doherty 放大器和 AB 类放大器的功率附加效率(PAE)对比的仿真结果和 100 MHz DPD 测试结果,可以看到,在输出功率为 40 dBm 时,PAE＝43％,相对于传统 AB 类功放改善了 18％。在此基础上对功放进行 DPD 可以获得信号的高效率线性放大特性。采用 DPD 技术实现 100 MHz 带宽的放大。

参考文献

［1］ YI J,YANG Y,PARK M,et al. Analog predistortion linearizer for high power RF amplifier [J]. IEE Trans. Microwave Theory and Techniques,2000,48(12): 2709-2713.

［2］ CHA J,YI J,KIM J,et al. Optimum design of a predistortion RF power amplifier for multicarrier WCDMA applications[J]. IEEE Trans. Microwave Theory and Techniques, 2004,52(2): 655-663.

［3］ KIM W J,STAPLETON S P,KIMET J H,et al. Digital predistortion linearizes wireless power amplifiers[J]. IEEE Microwave Magazine,2005,6(3): 54-61.

［4］ NAGATA Y. Linear amplification technique for digital mobile communications[C]. San Francisco: IEEE 39th Vehicular Technology Conference,1989: 159-164.

［5］ SALA J,DURNEY H. Coarse time delay estimation for pre-correction of high power amplifiers in OFDM communications[C]. Vancouver: Proceedings IEEE 56th Vehicular Technology Conference,2002,4: 2313-2317.

［6］ LI H,KWON D H,CHEN D,et al. A fast digital predistortion algorithm for radio-frequency power amplifier linearization with loop delay compensation[J]. IEEE Journal of Selected Topics in Signal Processing,2009,3(3): 374-383.

［7］ RAPP C. Effects of HPA-nonlinearity on 4-DPSK-OFDM-signal for a digital sound broadcasting system[C]. Liege: Second European Conference on Satellite Communications, 1991,2: 179-184.

［8］ SALEH A A M. Frequency independent and frequency-dependent nonlinear models of TWT amplifiers[J]. IEEE Transactions on Communications,1981,29(11): 1715-1720.

［9］ ZHOU G T,KENNEY J S. Predicting spectral regrowth of nonlinear power amplifiers[J]. IEEE Transactions on Communication,2002,50(5): 718-722.

［10］ RAICH R,QIAN H,ZHOU G T. Orthogonal polynomials for power amplifier modeling and predistorter design[J]. IEEE Transactions on Vehicular Technology,2004,53(5): 1468-1479.

［11］ CARLOS C C,JAVIER R T,MARÍA J M. Volterra behavioral model for wideband RF amplifiers[J]. IEEE Transactions on Microwave Theory and Techniques,2007,55(3): 449-457.

［12］ KIM J,KONSTANTINOU K. Digital predistortion of wideband signals based on power amplifier model with memory[J]. Electronics Letters,2001,37(23): 1417-1418.

［13］ HAMMI O,GHANNOUCHI F M,VASSILAKIS B. A compact envelope-memory polynomial for RF transmitters modeling with application to baseband and RF-digital predistortion[J]. IEEE Microwave and Wireless Components Letters,2008,18(5): 359-361.

[14] MORGAN D R,MA Z,KIM J,et al. A generalized memory polynomial model for digital predistortion of RF power amplifiers[J]. IEEE Transactions on Signal Processing,2006,54 (10): 3852-3860.

[15] LIU Y,ZHOU J,CHEN W,et al. A robust augmented complexity-reduced generalized memory polynomial for wideband RF power amplifiers[J]. IEEE Transactions on Industrial Electronics,2014,61(5): 2389-2401.

[16] HAMMI O,YOUNES M,GHANNOUCHI F M. Metrics and methods for benchmarking of RF transmitter behavioral models with application to the development of a hybrid memory polynomial Model[J]. IEEE Transactions on Broadcasting,2010,56(3): 350-357.

[17] HAMMI O,GHANNOUCHI F M. Twin nonlinear two-box models for power amplifiers and transmitters exhibiting memory effects with application to digital predistortion[J]. IEEE Microwave and Wireless Components Letters,2009,19(8): 530-532.

[18] YOUNES M,HAMMI O,KWAN A,et al. An accurate complexity-reduced "PLUME" model for behavioral modeling and digital predistortion of RF power amplifiers[J]. IEEE Transactions on Industrial Electronics,2011,58(4): 1397-1405.

[19] ZHU A,PEDRO J C,BRAZIL T J. Dynamic deviation reduction based Volterra behavioral modeling of RF power amplifiers[J]. IEEE Transactions on Microwave Theory and Techniques,2006,54(12): 4323-4332.

[20] ZHU A,PEDRO J C,CUNHA T R. Pruning the Volterra series for behavioral modeling of power amplifiers using physical knowledge[J]. IEEE Transactions on Microwave Theory and Techniques,2007,55(5): 813-821.

[21] ZHU A,DRAXLER P J,YAN J J,et al. Open-loop digital predistorter for RF power amplifiers using dynamic deviation reduction-based Volterra series[J]. IEEE Transactions on Microwave Theory and Techniques,2008,56(7): 1524-1534.

[22] ZHU A,DRAXLER P J,HSIA C,et al. Digital predistortion for envelope-tracking power amplifiers using decomposed piecewise volterra series[J]. IEEE Transactions on Microwave Theory and Techniques,2008,56(10): 2237-2247.

[23] GUAN L,ZHU A. Simplified dynamic deviation reduction-based Volterra model for Doherty power amplifiers[C]. Workshop on Integrated Nonlinear Microwave and Millimetre-Wave Circuits,2011: 1-4.

[24] GUAN L,ZHU A. Low-cost FPGA implementation of Volterra series-based digital predistorter for RF power amplifiers[J]. IEEE Transactions on Microwave Theory and Techniques,2010,58(4): 866-872.

[25] DING Y,SANO A. Time-domain adaptive predistortion for nonlinear amplifiers[C]. Montreal: Proceedings of IEEE International Conference on Acoustics,Speech and Signal Processing,2004,2: 865-868.

[26] LIU T J,BOUMAIZA S,GHANNOUCHI F M. Augmented hammerstein predistorter for linearization of broad-band wireless transmitters[J]. IEEE Transactions on Microwave Theory and Techniques,2006,54(4): 1340-1349.

[27] LIU T J,BOUMAIZA S,GHANNOUCHI F M. Deembedding static nonlinearities and

accurately identifying and modeling memory effects in wide-band RF transmitters[J]. IEEE Transactions on Microwave Theory and Techniques,2005,53(11): 3578-3587.

[28] MOON J, KIM B. Enhanced Hammerstein behavioral model for broadband wireless transmitters[J]. IEEE Transactions on Microwave Theory and Techniques,2011,59(4): 924-933.

[29] SHIRAKAWA K, SHIMIZ M, OKUBO N, et al. A large signal characterization of an HEMT using a multilayered neural network[J]. IEEE Transaction on Microwave Theory and Techniques,1997,45(9): 1630-1633.

[30] ZHANG Q,GUPTA K C,DEVABHAKTUNI V K. Artificial neural networks for RF and microwave design-from theory to practice[J]. IEEE Transactions on Microwave Theory and Techniques,2003,51(4): 1339-1350.

[31] ZAABAB A H,ZHANG Q J, NAKHLA M. A neural network modeling approach to circuit optimization and statistical design[J]. IEEE Transactions on Microwave Theory and Techniques,1995,43(6): 1349-1358.

[32] GOASGUEN S, HAMMADI S M, EL-GHAZALY S M. A global modeling approach using artifcial neural network[J]. IEEE MTT-S International Microwave Symposium Digest,1999,1: 153-156.

[33] ISAKSSON M, WISELL D, RÖNNOW D. Nonlinear behavioral modeling of power amplifiers using radial-basis function neural networks[J]. IEEE MTT-S International Microwave Symposium Digest,2005,53(11): 1967-1970.

[34] ISAKSSON M, WISELL D, RONNOW D. Wide-band dynamic modeling of power amplifiers using radial-basis function neural networks[J]. IEEE Transactions on Microwave Theory and Techniques,2005,53(11): 3422-3428.

[35] FANG Y,YAGOUB M C E, WANG F, et al. A new macromodeling approach for nonlinear microwave circuits based on recurrent neural networks[J]. IEEE Transactions on Microwave Theory and Techniques,2000,48(12): 2335-2344.

[36] LUONGVINH D, KWON Y. Behavioral modeling of power amplifiers using fully recurrent neural networks[J]. IEEE MTT-S International Microwave Symposium Digest, 2005,53(11): 1979-1982.

[37] LUONGVINH D,KWON Y. A fully recurrent neural network-based model for predicting spectral regrowth of 3G handset power amplifiers with memory effects[J]. IEEE Microwave and Wireless Components Letters,2006,16(11): 621-623.

第9章

光生太赫兹空间无线通信

比太赫兹频率低的微波在移动互联网时代获得了大规模的产业化发展；是太赫兹频率 20 倍的光波更是承担了全球信息骨干网的重任,获得了大规模发展；太赫兹波长介于微波与光波之间,天线尺寸比微波小,比光波大,特别适合于空间通信的波束对准；其也满足空间通信对航天器的天线尺寸和质量的苛刻要求；太赫兹可用带宽为 10 THz,是目前移动通信所用微波带宽 10 GHz 的 1000 倍,存在巨大的空闲频率资源有待开发利用。太赫兹频率相对微波频率高很多,用传统的微波技术实现太赫兹无线通信非常困难,因此长期以来太赫兹的这些优势资源不但没有得到开发利用,而且在 20 世纪 90 年代以前,一度被人“遗忘”,也因此被称为“太赫兹空白”。随着频带资源越来越紧张,近 10 年来太赫兹通信获得了全球更多的关注,本章将着重研究光生太赫兹空间无线通信。

9.1　概述

太赫兹波在近似真空环境中的衰减较小,因此使用太赫兹波进行大容量数据传输是空间组网进行星间通信的一种理想选择。美国科学家认为太赫兹科学是改变未来世界的十大科学技术之一,美国陆海空三军、能源部、国家科学基金会等政府机构给予了大力支持,设立了太赫兹高速无线通信骨干网络建设相关计划。美国国防高级研究计划局(DARPA)开展了名为“THOR”的研究计划,并投入大量经费研制 $0.1 \sim 1$ THz 频段太赫兹通信关键器件和系统；2013 年美国提出了 100 Gbit/s 骨干网计划,致力于开发机载通信链路实现大容量远距离无线通信,2015 年美国通信卫星已具备 10 Gbit/s 量级的传输速率,2020 年具备 50 Gbit/s 以上的传输速率。欧盟“第 5～7 框架计划”启动了一系列跨国太赫兹研究项目,包括以英国剑桥大学为牵头单位的“WANTED 计划”“THz-Bridge 计划”,欧洲空间局启动的大型太赫兹“Star-Tiger 计划”。2017 年欧盟已经正式布局 6G 通信技术,已初步定位于进一步的增强型移动宽带,峰值数据速率要大于 100 Gbit/s,计划采用高于 0.275 THz 的太赫兹频段,并且欧盟在世界无线电通信大会上要求把 0.275 THz 以上的太赫兹频段确认用于移动及固定服务。日本将太赫兹技术列为未来 10 年科技战略规划 10 项重大关键科学技术之首。目前正在全力研究 0.5～0.6 THz 高速率大容量无线通信系统。日本总务省在 2020 年东京奥运会上采用太赫兹通信系统实现 100 Gbit/s 高速无线局域网服务。可见太赫兹科学技术的研究已在全球范围内全面展开并得到了高度重视。

2011 年年底,国家科学技术部启动"毫米波与太赫兹无线通信技术开发"项目,完成了原理样机实验。国内多所高校和研究所都在这些方面进行了深入的研究工作。

用光子方法实现的太赫兹通信速率高、频带宽,但输出功率较低。用电子方法实现的太赫兹功率高、便携,但速率低,本章将结合光、电方法各自的优缺点,实现对立统一、扬长避短,研究太赫兹无线通信技术与系统。

9.2 光生太赫兹空间无线通信的基本原理

本节研究光生矢量太赫兹的电子能级跃迁、相位匹配、雪崩放大的新原理、新结构和新模式,解决光生太赫兹调制器的小尺度效应和场分布效应、低转换效率、符号抵消和非线性等问题。通过混频产生太赫兹波,本身就是利用非线性,产生倍频、同频、和频、差频,研究器件损伤与非线性引起的信道间串扰、码间串扰的机理。

太赫兹无线通信技术与系统采用的基本原理是激光相干原理,实现机理是强光信号在混频的过程中光与物质发生非线性效应,混频后产生了倍频、和频、差频、同频等,采取相位匹配的方法,抑制不需要的分量,加强需要的分量,本节研究的太赫兹波就是需要加强的差频信号。根据麦克斯韦方程组和马赫-曾德尔调制器(MZM)调制模型,可以研究推导和设计出太赫兹波信号的实现方案,基本原理如图 9-1 所示。第一个 MZM 是单臂调制器,其作用是实现强度调制,基带信号通过该调制器强度调制到入射光信号上。第一个 MZM 的输出为

$$E_{\text{out1}}(t) = A(t)\exp(\text{j}\omega_0 t) \tag{9-1}$$

式中：$A(t)$ 为基带信号。

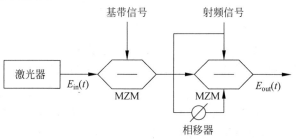

图 9-1 外调制器产生太赫兹波信号

根据雅可比-安杰尔(Jacobi-Anger)公式展开：

$$\exp(\mathrm{j}z\cos\theta) = \sum_{n=-\infty}^{+\infty} \mathrm{j}^n \mathrm{J}_n(x)\exp(\mathrm{j}n\theta) \tag{9-2}$$

$$\exp(\mathrm{j}x\sin\theta) = \sum_{n=-\infty}^{+\infty} \mathrm{J}_n(x)\exp(\mathrm{j}n\theta) \tag{9-3}$$

可将第二个 MZM 的输出表示为

$$E_{\mathrm{out}}(t) = \frac{A(t)\exp(\mathrm{j}\omega_0 t)}{2}\{\exp[\mathrm{j}Z_1\cos(\omega_{\mathrm{RF}}t)] - \exp[-\mathrm{j}Z_1\cos(\omega_{\mathrm{RF}}t)]\}$$

$$= \frac{A(t)}{2}\sum_{k=-\infty}^{\infty}[1-(-1)^k]\mathrm{j}^k \mathrm{J}_k(Z_1)\exp[\mathrm{j}(\omega_0 + k\omega_{\mathrm{RF}})t] \tag{9-4}$$

激光器发出的中心频率为 f_c 的连续波(continuous wave,CW)光信号被频率为 f_s 的射频载波调制,该射频载波携带矢量调制的 16 QAM 数据并且驱动相位调制器。假设频率为 f_c 的连续波输出信号和频率为 f_s 的矢量调制的射频信号可以分别表示为

$$E_{\mathrm{CW}}(t) = A_1\exp(\mathrm{j}2\pi f_c t) \tag{9-5}$$

$$E_{\mathrm{RF}}(t) = A_2(t)\cos[2\pi f_s t + \varphi(t)] \tag{9-6}$$

式中: A_1 表示输出的频率为 f_c 的连续波信号的幅度,它是一个常数; A_2 和 $\varphi(t)$ 分别表示频率为 f_s 的矢量调制的射频信号的幅度和相位。因此,相位调制的输出光信号可以表示为

$$E_{\mathrm{PM}}(t) = A_1\exp\left(\mathrm{j}2\pi f_c t + \mathrm{j}\pi\frac{V_{\mathrm{drive}}A_2\cos[2\pi f_s t + \varphi(t)]}{V_\pi}\right)$$

$$= A_1\sum_{n=-\infty}^{\infty}\mathrm{j}^n \mathrm{J}_n(\kappa)\exp[\mathrm{j}2\pi(f_c + nf_s)t + \mathrm{j}n\varphi(t)] \tag{9-7}$$

式中: J_n 是第一类 n 阶贝塞尔函数; V_π 和 V_{drive} 分别表示相位调制器的半波电压和驱动电压,并且 $\kappa(t) = \pi V_{\mathrm{drive}}A_2(t)/V_\pi$。相位调制器的输出信号的频谱如图 9-2 所示。

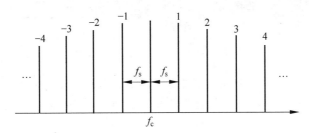

图 9-2　相位调制器的输出信号的频谱示意图

倍频是通过随后的波长选择开关实现的,它选择 2 个具有相同阶数 n 的边带,选择的 2 个边带的频率间隔为 $2nf_s(n=1,2,\cdots)$。波长选择开关的输出可以表示为

$$E_{WSS}(t) = A_1 \{j^n J_n(\kappa) \exp[j2\pi(f_c + nf_s)t + jn\varphi(t)] +$$
$$j^{-n} J_{-n}(\kappa) \exp[j2\pi(f_c - nf_s)t - jn\varphi(t)] \}$$
$$= A_1 \{j^n J_n(\kappa) \exp[j2\pi(f_c + nf_s)t + jn\varphi(t)] +$$
$$(-1)^n j^{-n} J_n(\kappa) \exp[j2\pi(f_c - nf_s)t - jn\varphi(t)] \}$$
$$= A_1 \{j^n J_n(\kappa) \exp[j2\pi(f_c + nf_s)t + jn\varphi(t)] +$$
$$j^n J_n(\kappa) \exp[j2\pi(f_c - nf_s)t - jn\varphi(t)] \}$$
$$= A_1 j^n J_n(\kappa) \{\exp[j2\pi(f_c + nf_s)t + jn\varphi(t)] +$$
$$\exp[j2\pi(f_c - nf_s)t - jn\varphi(t)] \}$$

根据光生太赫兹的实现方案,通过控制泵浦光波长、光栅周期、电压和温度来实现周期性极化铌酸锂波导的准相位匹配,提高转换效率 $\eta_{conversion}$、吸收效率 η_{absorb} 和泵浦效率 η_{pulse},实现光生太赫兹的信号增强,提高光波变太赫兹波系统的转换效率 η_{system}。算法模型如下:

$$\eta_{system} = \eta_{conversion} \cdot \eta_{absorb} \cdot \eta_{pulse} \tag{9-8}$$

$$\Delta k_{QPM} = \Delta k - \frac{2m\pi}{\Lambda} \tag{9-9}$$

$$\Lambda = \frac{2m\pi}{\Delta k} = \frac{2m\pi}{k_3 - k_2 - k_1} \tag{9-10}$$

研究光生太赫兹的结构模型:根据上述方案和信息模型设计光生太赫兹的内外部结构模型,如图 9-3 所示。

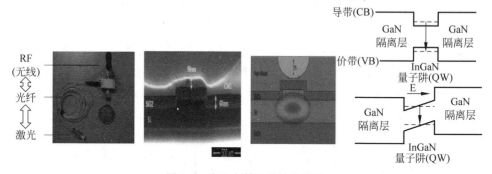

图 9-3　光生太赫兹的结构模型

光生太赫兹结构模型是将经调制的信号光和相干光在波导中谐振、选频、相干、放大后直接输出太赫兹信号,通过集成化、芯片化实现小型化、实用化。

9.3　光生太赫兹的转换效率

初步试验表明,光与太赫兹波直接转换的效率低,输出功率小于 -18 dBm,太赫兹信号太弱。通过低频微波倍频实现太赫兹通信目前速率最高在 10 Gbit/s 左右,并且频率提高较困难,抑制了太赫兹频带资源的有效利用,这是太赫兹还未实现规模应用的主要原因之一。本节介绍提高转换效率的原理与技术,太赫兹波的电子能级跃迁机理、相位匹配、雪崩放大等放大信号、抑制谐波的方法和原理,实现太赫兹波粒子数反转的可能性和实现原理等。主要内容是根据能量守恒定律,提高太赫兹波的转换效率,减少倍频和同频分量的大小,实现转换效率提升。

(1) 太赫兹波与光波波长不一致导致转换时的小尺度效应和场分布效应。

光波与太赫兹波波长相差 20 倍,要在相同尺寸的器件中实现相互转换,存在小尺度效应和场分布效应,采用在发射方向将携带基带信号的两路光波混频产生太赫兹波。在接收方向将太赫兹波与本地未调制的太赫兹波混频产生中频信号,由中频信号在电光调制器中实现解调。也就是先由光波产生太赫兹波,然后接收到的已承载信号的太赫兹波下变频后和光波混频产生基带信号实现解调。实现方式是将光波的基带调制与太赫兹波的基带解调的场所分开,以解决光波与太赫兹波波长不一致的问题。

(2) 预编码理论与算法,解决太赫兹波转换时的符号抵消。

研究光与太赫兹波无缝直接转换调制格式的变化问题:试验发现,如果光用 16 QAM 调制,转换成太赫兹波后就变成了 8 QAM 调制或其他无序排列。原因是有些符号相互抵消了。因此需要研究预编码的理论与技术,研究消除符号抵消的方法,研究光与太赫兹波无缝直接转换调制格式的变化问题。这是客观存在的事实,解决方案是,研究符号抵消产生的原因,提出解决的办法,研究预编码的理论与算法模型,进行理论推导、仿真研究和试验验证消除符号抵消的方法。

9.4 基于光外差技术的太赫兹波 OFDM 生成

OFDM 系统各个子载波之间存在正交性,允许子信道的频谱相互重叠,因此 OFDM 系统可以最大限度地利用频谱资源。它可以有效地对抗信号波形间的干扰,适用于多径环境和衰落信道中的高速数据传输。先进的太赫兹技术与高谱效率的 OFDM 调制技术相结合,再加上目前成熟的中心频率在 200 GHz 的放大器,可以实现 200 GHz 频段的高谱效率太赫兹波信号的生成,具体方案如图 9-4 所示。

图 9-4(b)给出了基于光外差技术的 200 GHz 频段太赫兹波 OFDM 信号生成方案。根据 OFDM 矢量基带信号产生原理,在该方案中可调节激光源 2 的波长在 1548.395~1549.715 nm 范围内变化,设置激光源 1 的波长为 1552.524 nm,则产生的 OFDM 矢量信号频率可在 200 GHz 范围内变化。

图 9-5 是经过光耦合器后的光谱图。图中给出了调节激光源 2 的连续波波长使得本振光与 OFDM 信号光的频率间隔变化情况,分别为 150 GHz、200 GHz、250 GHz 和 300 GHz,该图充分说明了光外差技术的频率可调谐性及灵活性。

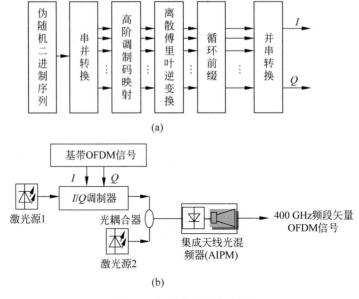

(a)

(b)

图 9-4 信号生成具体方案

（a）OFDM 矢量基带信号产生过程；（b）基于光外差技术的 200 GHz 频段太赫兹波 OFDM 信号生成方案

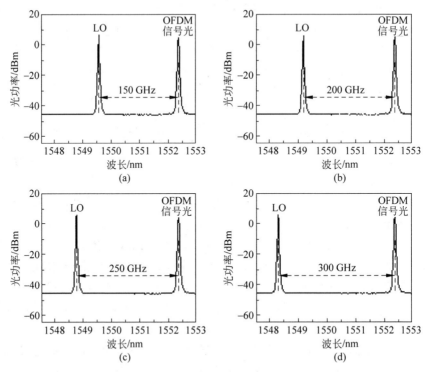

图 9-5 经过光耦合器后的光谱图

调节激光源 2 的连续波波长使得本振光与 OFDM 信号光的频率间隔为 150 GHz(a)，200 GHz(b)，

250 GHz(c)，300 GHz(d)

9.5 基于自适应多倍频的太赫兹波 OFDM 生成方法

光外差方案中使用的多个激光器之间频率不稳定,造成产生的太赫兹波频率不纯,而引用同一个光载波源生成的平坦的光梳谱来代替信号激光源和本振激光源,由于其具有锁频锁相的特性,这样外差拍频生成的太赫兹波频率可以具有很高的纯度及稳定性,如图 9-6 所示。

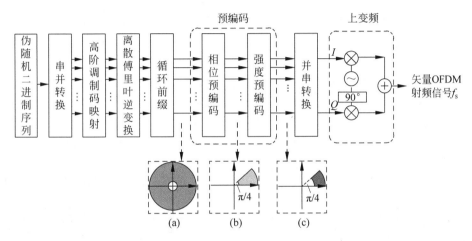

图 9-6 多倍频 OFDM 矢量信号预编码过程

(a) 原始 OFDM 信号星座图;(b) 经过相位预编码后的星座图;(c) 经过幅度预编码后的星座图

图 9-7 为 OFDM 矢量射频信号产生原理图。从图 9-6 所示 3 个星座图可以看出,经过预编码后的 OFDM 矢量信号各子载波的幅度和相位都发生了改变。

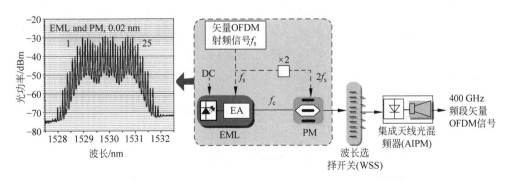

图 9-7 基于级联 EML(电吸收调制激光器)和 PM(相位调制)锁频锁相平坦光多载波多倍频 OFDM 矢量信号产生原理

9.6　基于 ASIC 和基于 FPGA 的太赫兹无线通信系统

图 9-8 所示为基于 ASIC 的太赫兹无线通信实验系统总体框图,太赫兹捕获与跟踪通过捕获与跟踪子系统实现。

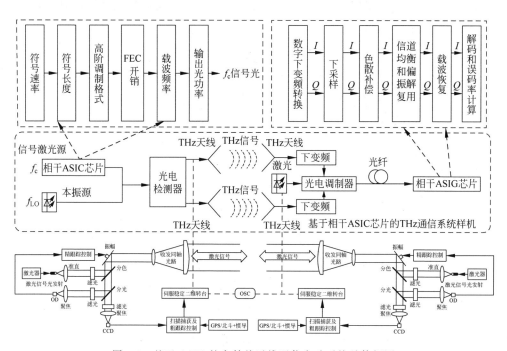

图 9-8　基于 ASIC 的太赫兹无线通信实验系统总体框图

采用波长为 800 nm 激光建立监控信道(optical supervision channel,OSC),控制太赫兹天线的对准、捕获与跟踪。采用激光的原因是,激光直线传播,对方向敏感,任何变化都能迅速反应。利用激光建立的光监控信道更是能为太赫兹系统推向实用化扫清道路。图 9-9 所示是基于 FPGA 的太赫兹无线通信实验系统总体框图。

根据上述设计方案和技术路线,太赫兹无线通信系统的原理样机如图 9-10 所示。

太赫兹无线通信系统由天线、射频子系统、基带子系统、主控子系统及控制终端组成,每个子框的设计都采用插卡式刀片结构,具有可扩展可插拔的特点,各功能单元既密切配合又独立成框,主控留有接口与笔记本电脑相连。射频端通过天线接收和发射太赫兹波信号。

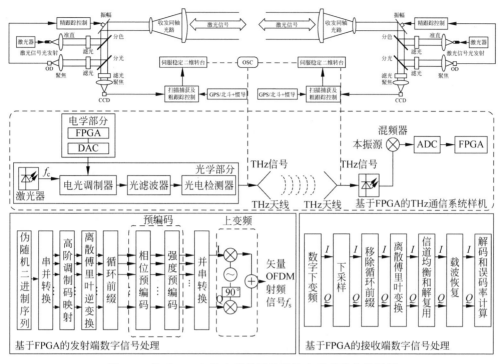

图 9-9 基于 FPGA 的太赫兹无线通信实验系统总体框图

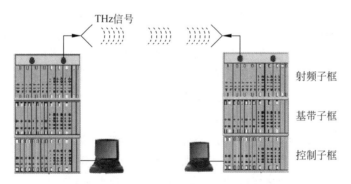

图 9-10 太赫兹无线通信系统的原理样机

9.7 光生太赫兹无线通信的信道模型

太赫兹波信号在无线传输过程中的信道模型包括无线链路大气损耗、器件带宽限制、发射端与接收端能量损耗、MIMO 信号串扰等,用于分析太赫兹波段无线传输中接收性能的各种受限因素,探索新型算法处理的机制,优化并降低算法复杂度,实现不同波段、不同调制码、不同波特率及不同复用方式的高灵敏度信号探测和透明接收。

在典型场景下开展信道测量后获得的信道测试数据可以用于信道模型构建，太赫兹无线通信系统的信道模型如图 9-11 所示。

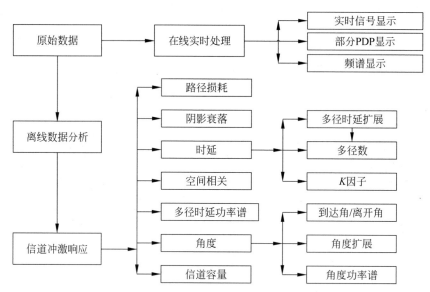

图 9-11　建立太赫兹无线通信系统的信道模型流程图

大多数传播模型是通过分析和实验相结合而产生的。实验方法基于合适的曲线或解析式来拟合出一系列测量数据。它的优点在于通过实际的测量考虑了所有的传播因素，包括已知的和未知的。在特定的频率和环境下获得的模型，在其他条件下应用是否正确，只能建立在新的测试数据的基础上验证。随着技术的发展，出现了一些经典的用于预测大尺度覆盖的传播模型。通过使用路径损耗模型对接收信号电平进行估计，使预测移动通信系统中的信噪比（SNR）成为可能。

信道模型的大尺度参数反映了无线信号在一定距离范围内平均接收功率的预测，描述的是发射机和接收机之间长距离上信号场强的变化。这种距离范围一般是几十米到几千米。经过实际测量和理论分析可得出，接收机的平均接收功率随距离的变化而呈对数衰减变化，通常这种对数衰减模型可建模成

$$P_R = P_T + G_T + G_R - 20\lg\left(\frac{4\pi d}{\lambda}\right) - L_F - L_A \times d \quad (\text{dB}) \qquad (9\text{-}11)$$

为了验证理论方法构建模型的准确性，需要将获得的模型和实测的数据进行对比，对理论模型进行验证和修正。本节基于典型场景的实测数据，建立相应的基于测量的无线信道模型，同时也需要理论模型为实测模型进行相应的比对、校准和验证。通常 200 GHz 的太赫兹波的信道衰减曲线符合图 9-12。

为此，在开展信道实测时利用射线追踪（raytracing）方法搭建信道仿真和模型验证平台，开展频段、场景、天线对信道传播影响的研究，开展对理论建立模型的验证。

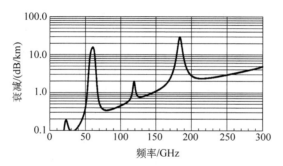

图 9-12 太赫兹波的信道衰减曲线

包括无线链路大气损耗、器件带宽限制、发射端与接收端能量损耗、MIMO 信号串扰等,分析太赫兹波段无线传输中接收性能的各种受限因素,探索新型算法处理的机制,优化并降低算法复杂度,实现不同波段、不同调制码、不同波特率及不同复用方式的高灵敏度信号探测和透明接收。

9.8　光生太赫兹空间无线通信波束对准技术

基于激光信号引导的自动扫描、捕获和跟踪技术来实现太赫兹天线波束的自动对准,可采用 GPS/"北斗"定位的初始指向结合激光引导的多级扫描捕获跟踪技术来实现。主要研究自动扫描捕获算法、大气扰动下的四象限探测位置精确识别算法,以及多光轴复合的自动扫描、捕获、跟踪多级综合控制技术。

采用基于 GPS/"北斗"定位的初始指向结合激光引导的多级扫描捕获跟踪技术来实现太赫兹天线波束的自动对准,实现方案如图 9-13 所示:首先采用 GPS/"北斗"定位对位置进行定位并实现天线的初始指向,再采用大发散角激光束结合电荷耦合器件(CCD)位置探测的扫描捕获技术来捕获激光信号并进行粗跟踪,最后采用较小发散角的激光束结合四象限位置探测的自动跟踪技术,实现精确对准并进行实时自动跟踪。采用 GPS/"北斗"定位的初始指向结合激光引导的多级扫描捕获跟踪技术,可实现高精度激光扫描捕获与跟踪。

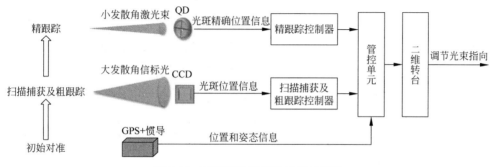

图 9-13　高精度激光扫描捕获与跟踪

捕获和跟踪技术实现原理如图 9-14 所示,由激光收发光路、GPS/"北斗"定位结合惯导、扫描捕获及粗跟踪控制和精跟踪控制组成。激光收发光路主要完成扫描捕获跟踪激光信号的收发,GPS/"北斗"定位和惯导完成初始定位和姿态测量,扫描捕获及粗跟踪控制完成信号的初始指向,精跟踪控制主要完成精确对准和实现高精度自动跟踪。

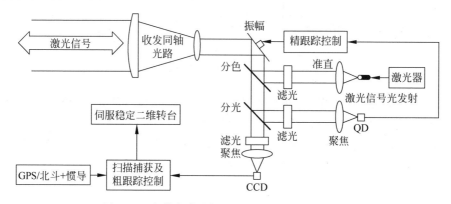

图 9-14 高精度激光扫描捕获与跟踪实现原理图

捕获跟踪精度核算。影响精跟踪精度的主要因素有光斑位置检测误差、平台振动抑制残差、动态滞后误差和视轴对准误差。捕获跟踪精度具体核算如下所述。

光斑位置检测误差:精跟踪四象限位置探测器(QD)位置探测精度仿真如图 9-15 所示,光斑检测误差 $\delta_1 < 6$ μrad。

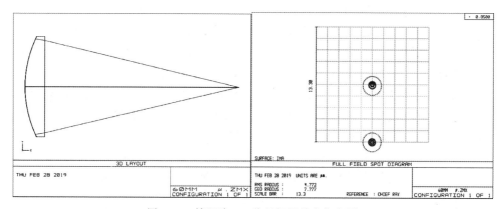

图 9-15 精跟踪 QD 位置探测精度仿真图

安装平台振动抑制残差:系统的精跟踪伺服的设计带宽大于 100 Hz,它可对宽谱振动进行有效抑制,其振动残差误差 $\delta_2 < 16$ μrad。

动态滞后误差:精跟踪单元具有更高的伺服带宽和控制刚度,可对动态滞后误差进一步抑制,动态滞后误差 $\delta_3 < 12$ μrad。

视轴对准误差：该误差主要体现为系统误差，主要包括通信发射光束和紧密跟踪光束的不同轴度。对准误差 $\theta = 19\ \mu\text{rad}$。

综上所述，跟踪精度 $\delta = \theta + \sqrt{\delta_1^2 + \delta_2^2 + \delta_3^3} = 39.8\ \mu\text{rad} = 0.0024°$。

通过计算，捕获跟踪精度为 $0.0024°(3\sigma)$，满足系统 $0.003°$ 的精度要求。

自动对准时间核算：自动对准时间要求小于等于 15 s，主要包括位置信息传输时间、转台调整时间、扫描捕获时间。位置信息的时间最大为 1 s，转台转动速度可高达 $90°/s$，最大调整 $180°$，调整时间最大为 2 s。

根据表 9-1 所示计算，开环指向误差为 2 mrad。扫描方式采用光栅螺旋式无盲区扫描，扫描间隔设计为激光光斑的 0.7 倍，信标光发散角 θ_1 为 1 mrad，指向不确定度 θ_2 为 4 mrad，扫描点间的时间间隔 t 为 0.3 s，则信标扫描、捕获时间为

$$T = [\theta_2/(\theta_1 \times 0.7)]2 \times t = [4/(1 \times 0.7)]2 \times 0.3\ \text{s} = 9.8\ \text{s}$$

自动对准时间为位置信息传输时间、转台调整时间与扫描捕获时间相加，为 12.8 s，满足指标要求。

表 9-1　开环指向误差概算

误差源	误差值/mrad	备注
姿态误差	1.0	航向 0.85 mrad，横滚 0.34 mrad，俯仰 0.34 mrad
安装误差	0.1	INS 激光终端零位安装误差
伺服转台指向精度	0.1	高精度编码器，提高指向精度
平台稳定精度	0.03	采用主动陀螺稳伺服稳定，可对低频扰动进行有效抑制
位置误差	0.8	定位误差 1.2 m

因激光方向性强，对位置变化敏感，反应快，所以可用于太赫兹通信对准的波长为 800 nm，发射功率为 500 mW(27 dBm)，接收功率为 -70 dBm，传输距离为 20 km，OSC 速率为 2 Mbit/s。

9.9　低复杂度、低功耗的高速基带数字信号处理方法

面向空间高速传输和下一代移动通信的应用需求，本节研究太赫兹无线通信中低复杂度、低功耗的高速基带信号处理技术。例如，基于 FPGA 硬件实现高速基带信号处理方法；基于接收端 FPGA 处理的太赫兹高速通信基带平台；基于自主可控器件，对高速基带信号处理方法进行实时实验验证，为推动太赫兹无线通信的实用化进程，制定未来太赫兹通信技术标准奠定基础。

（1）采用 OFDM 结合高阶 QAM 调制格式，实现频带利用率达到 3 bit/(s·Hz)，ADC 带宽为 10 GHz，基带信号速率达到 30 Gbit/s。

（2）基于自主可控器件，可实现两种太赫兹的高速通信系统：①基于接收端FPGA 处理的太赫兹传输系统，工作频率大于 0.2 THz，射频带宽大于 10 GHz，信息传输速率大于 30 Gbit/s，地面传输距离大于 1000 m，误码率小于 1×10^{-6}，捕获跟踪精度优于 0.003°；②基于接收端 ASIC 芯片的太赫兹实时传输系统，工作频率大于 0.2 THz，射频带宽大于 10 GHz，信息传输速率大于 100 Gbit/s，地面传输距离大于 1000 m，误码率小于 1×10^{-9}，捕获跟踪精度优于 0.003°。

本节从理论上分析太赫兹频段 OFDM/QAM 信号无线传输的信道损伤机制，研究克服信道损伤的高效基带数字信号处理方法，建立信道传输损伤的数学模型，分析太赫兹无线信号传输损伤因素，通过离线方式研究相关的数字信号处理方法。在此基础上，进行实时算法验证实验，搭建高速太赫兹无线通信基带平台，对实时数字信号处理算法进行实验验证。

在高速太赫兹无线通信基带平台的搭建、数字信号处理算法研究和集成电路设计方面，采取的研究方法按照以下步骤：①软件仿真，首先在软件层面建立仿真环境，对算法进行软件实现，经数值仿真后得到有关算法的性能指标；②离线实验，基于软件仿真结果，在相关指标达到要求的基础上做进一步的离线实验，分析算法的实际性能，明确算法的可行性；③硬件实现及实时实验，在离线实验对相关算法进行验证后，搭建基于 FPGA 高速太赫兹无线通信基带平台，高效实现高速基带 OFDM 系统中关键数字信号处理算法，并进行实时实验验证。

高阶调制信息的基带信号脉冲整形：研究任意调制码（QPSK、8 QAM、16 QAM、64 QAM 等）基带脉冲整形方式，以及多维复用技术与太赫兹波技术的有效结合，进一步提升频谱利用率。除此之外，研究多维复用技术与光外差或自适应光多倍频技术的有效结合。

研究频偏估计算法和信号载波恢复算法：包括频差补偿和相位差补偿，实现频差和相位差自适应盲均衡；采用信号串扰抑制算法，降低信道间串扰、码间串扰等。针对不同的信号调制格式，统筹考虑各种算法的兼容性和效率，综合前馈式或反馈式均衡方式，达到系统整体性能最优。

建立太赫兹高速无线通信基带仿真平台，并进行实验，验证算法的性能。动态优化系统参数，使得系统传输性能最优化。研究太赫兹高速通信基带信号处理技术、集成电路设计方法及基带平台。

对于太赫兹无线通信，采用概率幅度整形（PAS）方法，实现 FEC 编码与概率整形的结合。由均匀分布的比特数据流经分布匹配器产生非均匀分布的标记数据流，再经过 FEC 编码和星座点映射，产生最终的非均匀分布调制符号流，具体过程如图 9-16 所示。

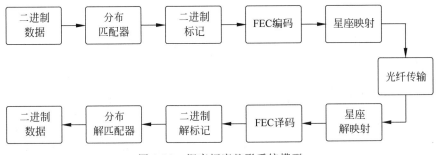

图 9-16　概率幅度整形系统模型

9.9.1　有效的硬件实现方法

太赫兹高速通信系统由信号源(序列发生器)、发射端基带(OFDM/QAM 发射机)、发射端太赫兹频段(太赫兹通信验证平台发射机)、接收端太赫兹频段(太赫兹通信验证平台接收机)、接收端基带(OFDM/QAM 接收机),以及数据还原与误码率计算部分组成,如图 9-17 所示。为了实现发射端基带(OFDM/QAM 发射机)和接收端基带(OFDM/QAM 接收机)的信号处理算法,本节研究基于 OFDM/QAM 的单带通信技术和基于发射端共轭变换的双带 OFDM/QAM 通信技术的硬件实现。

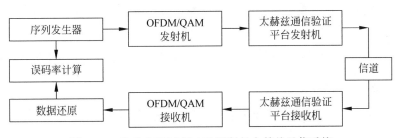

图 9-17　基于 OFDM/QAM 调制的太赫兹通信系统

9.9.2　太赫兹基带数字信号处理算法的实现

太赫兹信号在传输和接收过程中,会受到各种不同的损伤,如传输中的非线性、偏振耦合旋转效应等,而发射和探测中还会因为激光器的线宽、频率偏差与抖动等引入相应的相位噪声和频率偏移。本节在已实现的 16 QAM-64 QAM 信号相干检测的基本算法的基础上,研究优化概率整形(probability shaping, PS)高阶调制格式信号相干检测数字信号处理算法。对于 QAM 信号的相干数字信号处理,其算法流程如图 9-18 所示。

经过相干分集接收得到的四路信号组合成两个复信号 x 和 y。首先将 x 和 y 分别基于 GSOP 算法进行 I/Q 不平衡的补偿,然后再进行色散和非线性补偿,用

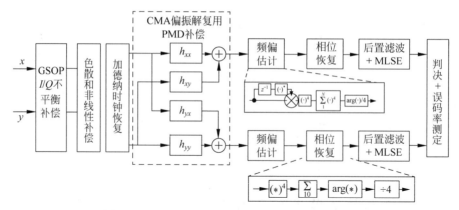

图 9-18　相干 PDM-QAM 信号的接收算法流程图

来消除传输中的线性和非线性损伤。随后对信号进行时钟恢复,采用改进加德纳(Gardner)算法,恢复时钟并纠正采样偏移得到最佳采样点。

9.9.3　低复杂度、低功耗的高速基带数字信号处理算法

太赫兹高速 OFDM 信号在空间信道传输,易受到定时同步误差、信道估计准确度、系统非线性效应等问题带来的影响。为了实现基于太赫兹频段的高速无线通信,建立太赫兹无线通信的信道损伤模型,探索这些信道损伤机理,在发送端和接收端采用低复杂度、低功耗的高速基带数字信号处理算法,均衡与补偿系统所受到的各种线性和非线性损伤,提高信号的传输速率、频谱效率和传输距离,是需要解决的科学问题。

9.9.4　太赫兹波系统中的线性和非线性

通过混频产生太赫兹波,本身就是利用光的非线性,产生倍频、同频、差频、和频,非线性的过程中有需要的信号,也有大量的不需要的噪声。基本思路就是:使用实时的数字信号处理技术研究太赫兹无线通信技术与系统,研究器件损伤与非线性引起的信道间串扰、码间串扰的机理;提高灵敏度和频谱效率的实时在线数字信号处理算法。

9.9.5　OFDM 信号的损伤机理及补偿方案的硬件实现

在实时系统实现中,DAC、ADC 以及光电转换器和非理想的光滤波器等光电器件均会导致 OFDM 信号频带内出现高频子载波较低频子载波有更高的功率衰减。同时,系统中不可避免的噪声存在,使得 OFDM 信号中高频子载波的信噪比恶化。此外,太赫兹高速无线通信实时系统面向硬件实现,需要考虑无线端对信号

的影响。因此,探索太赫兹频段实时系统中器件对 OFDM 信号的损伤机理,以及可实现的有效的硬件损伤补偿方案,也是亟待解决的科学问题,包括采用 OFDM/QAM 技术作为太赫兹无线通信系统的基带调制方式;研究先进均衡与补偿算法,降低非线性效应带来的性能损伤;研究基于 FEC 编码与概率整形相结合的方法,以及抗非线性算法来提升系统传输速率、容量和传输距离。

9.9.6 太赫兹集成电路设计和有效的硬件实现方法

太赫兹集成电路设计和有效的硬件实现方法包括研究基于 OFDM/QAM 的单带通信技术中核心离散傅里叶逆变换(inverse fast Fourier transform,IFFT)/离散傅里叶变换(fast Fourier tranform,FFT)、QAM 映射、信道估计和同步等方法的硬件实现;利用共轭变换技术将 IFFT/FFT 数量减半,降低系统复杂度;研制高速 OFDM 基带信号收发端。

9.9.7 太赫兹高速通信实验系统并优化其传输性能

太赫兹高速通信实验系统及性能优化包括:

基于硬件实时实现适于太赫兹无线通信的低复杂度、低功耗基带数字信号处理方法;建立太赫兹高速无线通信基带平台,并进行实验验证算法的性能。动态优化系统参数,使得系统传输性能最优化。

9.10 太赫兹高速通信射频处理技术

为了满足太赫兹频段长距离、高速率传输需求,太赫兹频段的发射机需要大的发射功率和很好的线性度。这就需要研究太赫兹器件,包括功放输出的功率合成技术,以及混频器、倍频器、放大器等的非线性问题。在不同的芯片工艺上对太赫兹射频器件的设计方法进行研究,包括功率合成技术、线性度提高技术、宽带技术等,同时研究振荡器、片上天线等关键元器件的设计方法。同时计划采用现有国产芯片设计并实现太赫兹低噪声放大器和功率放大器模块。

根据太赫兹频段超高速无线通信传输的调制方式,太赫兹频段的射频收发前端芯片,太赫兹频段无线通信超高传输速率的特点,利用太赫兹频段大带宽和太赫兹器件低输出功率特性,针对不同工艺节点的加工工艺,研究超外差或直接调制形式的收发前端。通过对不同调制方案的研究,寻求适合太赫兹频段超高速无线通信的调制方式以及射频前端芯片。

在对太赫兹频段高速通信系统进行的研究中,由于适合太赫兹频段的工艺和器件非常短缺,太赫兹器件的性能不好,要研究适合于太赫兹系统的高速调制方法,同时需要研究适合对应调制方法的太赫兹频段的射频架构,以及设计对应的射频单元,在系统上进行实验验证。围绕太赫兹调制方式和射频单元进行研究,主要包括:①太赫兹频段工艺的晶体管模型准确性;②适合太赫兹频段射频单元器件以及模块的设计方法,提高太赫兹射频器件以及模块的性能;③适合太赫兹频段超高速无线通信传输的调制方式。三个研究内容之间的组织关系如图 9-19所示。

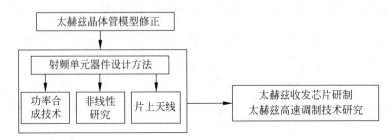

图 9-19　研究内容之间的组织关系图

例如,设计 200 GHz 频段无线收发系统,具体研究内容如图 9-20 所示,采用发射和接收射频芯片以及功放、低噪放模块搭建的 200 GHz 频段无线收发系统。

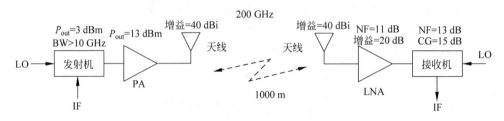

图 9-20　200 GHz 频段无线收发系统

其中发射端饱和输出功率为 13 dBm,带宽大于 10 GHz;接收端系统噪声为 12 dB,系统增益约为 35 dB。而太赫兹频段的天线需要 40 dBi 的增益,可以采用卡塞格林天线或者反射阵天线来实现。为了实现在 1000 m 距离的高达 30 Gbit/s 的传输速率,将射频频段分为 15 个通道(channel),每个通道物理带宽为 800 MHz(因为中频的调制和解调器现在最高可以支持 800 MHz 带宽);采用 16 QAM 调制方式,每个通道理论可以支持 1.1 Gbit/s 的传输速率,这样总共 30 个通道占用超过 24 GHz 的物理带宽,同时可以支持超过 30 Gbit/s 的传输速率。其详细的链路预算见表 9-2。计算表明,本章所设计的芯片可以满足指标要求。

路径损耗公式如下:

$$L_p = \left(\frac{4\pi R}{\lambda}\right)^2$$

其中:R 为 1000 m;λ 为 200 GHz 对应的波长。算出损耗为 138.5 dB。

表 9-2 **200 GHz 频段间距 1000 m 的链路预算**

	指 标	单 位
发射机		
发射功率 P_t（回退 5 dBm 输出）	8	dBm
连接损耗	2	dB
天线增益 G_t	40	dBi
传输路径		
路径损耗（1000 m）L_p	138.5	dB
接收机		
天线增益 G_r	40	dBi
连接损耗	2	dB
接收机接收功率 P_r	−54.5	dBm
800 MHz 带宽的噪声功率 P_n	−73	dBm
接收机噪声系数 NF_r	12	dB
系统信噪比 SNR	16.8	dB
16 QAM 要求的信噪比	14.4	dB
链路储备	2.4	dB

弗里斯（Friis）无线链路公式表达式如下（用分贝表示）：

$$P_r = P_t + G_t + G_r - L_p \quad (\text{dBm}) \tag{9-12}$$

可以算出接收机接收功率为 −54.5 dBm。

对于接收机，其带宽为 B 的噪声功率可以由下式求出：

$$P_n = kTB \tag{9-13}$$

式中：k 为玻耳兹曼常量；T 为物理温度；B 为接收机噪声带宽 800 MHz。

可以算出 800 MHz 带宽的噪声功率 P_n 为 −73 dBm，远低于接收机接收功率为 −54.5 dBm 的功率要求，因此传输 1000 m 是可以达到的。

在太赫兹低噪声放大器模块设计过程中，设计方案采用键合引线三维电磁建模及设计、低损耗波导探针建模及设计，以及放大器腔体结构建模及设计优化等内容的研究。在太赫兹功率放大器模块设计过程中，还需进一步解决功率合成等问题，以实现高的功率输出，如图 9-21 所示。

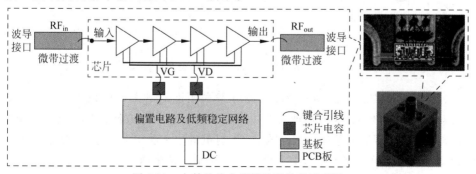

图 9-21 太赫兹放大器模块及效果示意图

　　研究适合太赫兹频段超高速无线通信传输的调制方式,完成太赫兹频段的射频收发前端芯片。对于太赫兹频段无线通信超高传输速率的特点,需要充分利用太赫兹频段大带宽和太赫兹器件低输出功率特性,采用较低频谱利用率的调制方式。采用的调制方式如图 9-22 所示。此方案采用射频带宽超过 20 GHz,采用高阶 QAM(16 QAM 或 QPSK)的调制方式来满足 30 Gbit/s 以上的传输速率。而中频频率选择在 60 GHz 附近,可采用现有较为成熟的商业器件来搭建 60 GHz 的调制解调模块,降低设计难度。

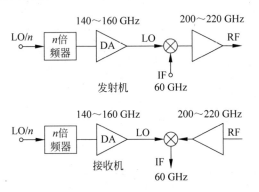

图 9-22　太赫兹频段的超外差调制方式

　　其中 60 GHz 的调制解调器具体方案如图 9-23 所示,是基于现有 26 GHz 频段用于 5G 毫米波通信的系统搭建而成的。

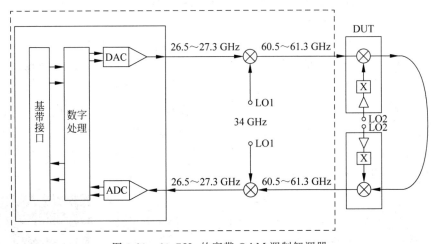

图 9-23　60 GHz 的宽带 QAM 调制解调器

　　另外的调制方式如图 9-24 所示,此方案采用低阶的调制解调方式启闭键控(On off keying,OOK)(OOK 或 BPSK 调制),直接将高速方波信号调制到太赫兹频段,此方案通过大带宽 60 GHz 方式在发射机的饱和功率点传输 30 Gbit/s 的传输速率。此方案可以降低系统芯片对加工工艺节点的依赖度。

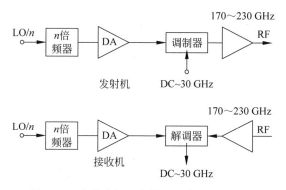

图 9-24　太赫兹频段的低阶大带宽调制方式

与低频段不一样的是,在太赫兹频段,射频单元器件在增益、输出功率、线性等方面都会面临很大问题。低频段器件的设计方法不再适合太赫兹频段器件的设计。如何用较为简单的电路结构实现并提高射频器件在太赫兹频段的性能,是需要解决的关键问题。具体到各指标来讲,需要解决放大器、混频器的功率输出问题,放大器、混频器的线性问题,以及振荡器、片上天线等的带宽问题等。

为了实现太赫兹频段高速无线通信,需要根据太赫兹频率具有的高频率、低器件性能等特点,研究适合太赫兹频段的调制解调方式。根据特定的调制技术设计出最适合的太赫兹收发射频芯片。

9.11　太赫兹频段晶体管模型的准确性

解决太赫兹频段工艺晶体管模型的准确性,需要解决以下问题。①仪器测试的准确性,包括太赫兹频段仪器的校准方法、测试方法等。尝试不同的校准方法,同时设计适合不同工艺晶体管测试的校准件,以及最后关键的精准测试和校准方法选择等均为需要解决的问题。②晶体管测试数据的去嵌方法研究。在太赫兹频段,晶体管测试准确性存在很大问题,选择合适的去嵌方法会对晶体管测试的准确性起重要的作用。③修正晶体管模型,使之适合于太赫兹频段,也是需要解决的关键问题。

为了解决太赫兹频段晶体管模型的准确性问题,对晶体管、无源器件单元的测试结果首先必须非常精准。如图 9-25 所示,两个长度分别为 400 μm 和 700 μm 的 GaAs 的微带线理论上 700 μm 的损耗会更大,但是测试结果却在 55 GHz 以上时和理论值相反。

由于标准校准片采用的是陶瓷基片,其介电常数和基片厚度与 GaAs 不一样,这样校准之后在频率高时会有误差。而解决这个问题的办法之一就是在加工的芯片上加工校准件,如图 9-26 所示,采用已加工的校准件来进行系统校准。

为了提取准确的测试结果,晶体管测试单元需要进行合理的设计和加工,同时

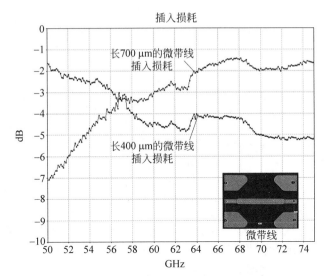

图 9-25　不同长度的微带线($400\ \mu\text{m}$ 和 $700\ \mu\text{m}$)测试的插入损耗

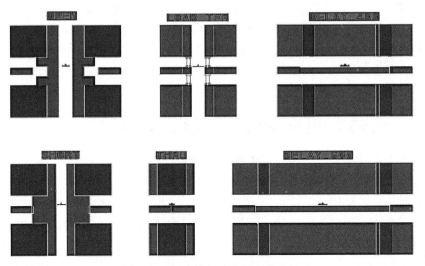

图 9-26　加工的芯片上加工校准件

对测试结果的去嵌处理算法也需要多次实验和验证。图 9-27 所示是常用的标准晶体管测试单元,这种单元对应的常用去嵌入处理方法如图所示,采用常用的开路-传输(open-thru)去嵌方法就可以把图 9-28 中长度分别为 L 的连接线去嵌掉,但是除去晶体管部分,实际还有如图 9-28 所示的连接到晶体管的源级的"忽略部分"没有考虑到,这部分会形成一个小电感串接在晶体管的源级,会造成少许的模型误差。这点误差在频率较低时对模型准确性没有影响,但当工作频率高了之后,串接电感的误差就会影响模型的准确性。

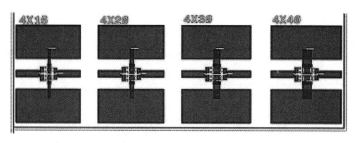

图 9-27　GaAs 工艺上晶体管测试单元

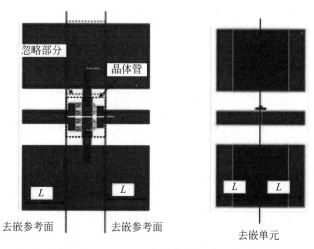

图 9-28　GaAs 工艺晶体管去嵌示意图

9.12　光生太赫兹空间无线通信系统结构

本节通过搭建太赫兹高速无线通信实验系统并优化其传输性能,分为两种接收方式介绍太赫兹无线通信集成系统样机结构:一种是基于 FPGA,如图 9-29 所示,基于 FPGA 能实现太赫兹波信号探测和处理;另外一种是基于相干 ASIC 芯片,如图 9-30 所示,可实现太赫兹波信号的实时传输。

针对太赫兹高速通信系统中的太赫兹通信基带、射频和天线的集成系统,以及相干接收技术展开研究,集成模块设计包含针对太赫兹发送模块、太赫兹无线传输、太赫兹接收模块的先进技术和先进算法。基于接收端 FPGA 处理的太赫兹传输系统,工作频率大于 0.2 THz,射频带宽大于 10 GHz,信息传输速率大于 30 Gbit/s,地面传输距离大于 1000 m,误码率小于 1×10^{-6}。基于接收端 ASIC 芯片的太赫兹实时传输系统,工作频率大于 0.2 THz,射频带宽大于 10 GHz,信息传输速率大于 100 Gbit/s,地面传输距离大于 1000 m,误码率小于 1×10^{-9}。

下面介绍基于光外差或自适应光多倍频方案的太赫兹波信号光子生成的理论

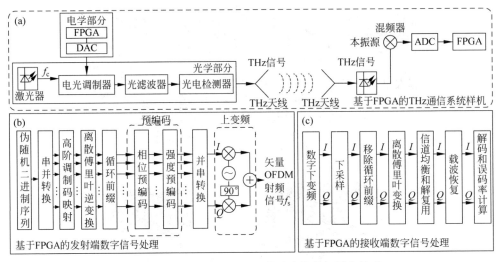

图 9-29　基于 FPGA 实现太赫兹波信号探测和处理

（a）基于自适应多倍频技术的 FPGA 太赫兹波通信集成系统示意图；（b）相应 FPGA 的发射端数字信号处理；（c）基于 FPGA 的接收端数字信号处理

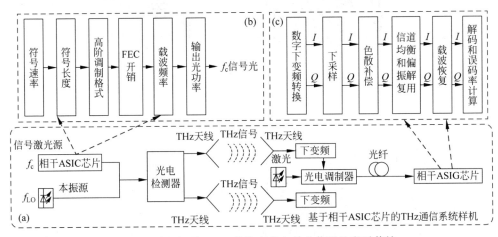

图 9-30　基于相干 ASIC 芯片实现太赫兹信号的实时传输

（a）基于光外差技术的相干 ASIC 芯片太赫兹波通信集成系统示意图；（b）基于相干 ASIC 芯片的发射端数字信号处理；（c）基于相干 ASIC 芯片的接收端数字信号处理

模型，基于外部调制器倍频技术的太赫兹波产生机理，基于 FPGA 的高阶调制码映射、快速傅里叶逆变换、幅度和相位预编码、预失真、预均衡等数字信号处理算法的高效实现，结合 FPGA 和 DAC 实现频率稳定的高谱效率矢量太赫兹波信号的产生，如图 9-29 所示。

　　相干外差接收算法主要包括下变频、色散补偿、极化分离、频偏和相偏补偿等一系列算法；器件带宽限制对太赫兹信号产生的损伤以及克服相应滤波效应的算法；采用先进的算法实现高频谱效率的接收,高频谱传输,在外差接收时做到和零差相干接收相同的频谱效率。基于相干 ASIC 芯片的太赫兹高速通信集成系统如图 9-30 所示。

基于相干 ASIC 芯片集成电路,设置信号的符号速率、调制格式、符号长度、FEC 开销、光载波频率以及光传输功率,采用稳定频率信号光的产生技术,引入偏振复用和天线极化复用等多种复用技术。采用偏振解复用算法,对多维多阶矢量毫米波信号进行偏振恢复,同时补偿传输造成的偏振模色散和偏振相关损耗,以实现高谱效率和高灵敏度的太赫兹波无线传输,从而进一步提高无线传输的速率与距离。

9.12.1　发送端和接收端数字信号处理算法的高效 FPGA/ASIC 实现

将高集成度、高灵活性的 FPGA 或 ASIC 芯片用于超高速数字信号的发送、接收以及收发端的 DSP,可实时监控信道的传输特性,有效增强系统的性能。由于 FPGA/ASIC 片上资源受限,尤其是乘法器,采用基于 FPGA/ASIC 的快速傅里叶变换、FIR 数字滤波器、色散补偿等数字信号处理算法,简化 FPGA/ASIC 片上结构,减少乘法器等器件的数量。采用嵌入多个数字信号处理模块的 FPGA/ASIC 发送端/接收端,包括符号时间同步、FEC 编码、多符号交错、星座图映射以及 IFFT/FFT 变换等模块,在发送端进行预处理,产生高阶调制格式的基带调制信号,对接收到的信号进行传输损伤补偿,恢复原始传输信号,并简化和优化相关算法,采用 FPGA/ASIC 高效地实现高性能的矢量太赫兹波信号产生,以及矢量太赫兹波信号接收与分析。

9.12.2　基于光波-高谱效率矢量太赫兹波信号的产生技术

新型的光子技术可以有效克服电子器件的带宽瓶颈,大幅度简化系统结构,具有灵敏度高、功耗低的优势,主要有光外差和自适应多倍频两种技术。利用光外差技术来产生矢量太赫兹波信号,使用锁相环进行相位锁定或者需要后期的数字信号处理,对传输信号进行频偏和相偏加以纠正。基于自适应多倍频方案,采用结构简单、成本效率高的外部调制器产生锁频锁相的光学频率梳,产生高带宽、高平坦度的光梳谱,与高谱效率的 OFDM 调制技术相结合,根据 OFDM 个子载波信号的相位预编码和幅度预编码原理,实现宽带太赫兹频段的高谱效率 OFDM 信号的生成。采用任意调制码(QPSK、8 QAM、16 QAM、64 QAM 等)基带脉冲整形方式,以及多维复用技术与光子太赫兹波技术的有效结合,进一步提升频谱利用率。

9.12.3 基于外差数字相干探测的高频谱效率和高灵敏度太赫兹信号接收

对矢量太赫兹波信号执行基于先进数字信号处理的外差相干检测,能够有效提高频谱效率并改善接收机灵敏度。太赫兹无线信号在自由空间传输和接收时,会受到各种不同的损伤,包括大气水分子吸收损耗、散射损耗、自由空间传输损耗等,而发射和探测中还会由激光器的线宽、频率偏差与抖动等引入相应的相位噪声和频率偏移。对于太赫兹频段空间复用、波分复用和偏振极化复用等多维复用方式,需要采用先进的数字信号处理技术、偏振解复用算法,对多维多阶矢量毫米波信号进行偏振恢复,同时还能够补偿传输造成的偏振模色散和偏振相关损耗,以实现高谱效率和高灵敏度的无线传输,从而进一步提高无线传输的速率与距离。

太赫兹高速通信实验系统并优化其传输性能:基于硬件实时实现适于太赫兹无线通信的低复杂度、低功耗基带数字信号处理方法;建立太赫兹高速无线通信基带平台,并进行实验验证算法的性能。动态优化系统参数,使得系统传输性能最优化。采用下变频时钟恢复及复杂度低功耗的信号恢复算法:对中频信号进行下变频处理转换成基带信号;利用信号的时钟提取和时钟恢复算法,得到最佳采样点进行后续处理;通过 MIMO 分集接收与先进数字信号处理相结合,解决多制式信号串扰问题,采用实现低复杂度、低功耗的信号恢复算法。

9.13 光生太赫兹空间无线通信的应用前景

太赫兹是尚未完全开发利用的频段,是极其珍贵的电磁频谱资源,谁先开发和掌握,谁就获得先机和主导权,这对未来无线通信发展具有重大的战略意义。未来无线通信的发展对带宽、容量、传输速率的需求,可以说是几乎没有止境的,频谱资源是每个国家无形的战略资源,目前这个资源的供求矛盾已十分突出。综上所述,太赫兹无线通信作为一个新兴的研究领域,不仅具有极高的学术价值,而且具有未来实际应用的广阔前景。太赫兹波在无线通信、安全检查、空间科学探索、环境监测、气象预报、生物医学成像等多个领域具有巨大的技术创新突破空间和广阔的应用前景。

首先,太赫兹无线通信的带宽很大,能够实现大容量数据传输;其次,传输过程中良好的保密性和较强的抗干扰能力等都是这种通信方式的显著特点。太赫兹波不仅能够提供相当多的信道数量,而且在一些材料传输时的衰减相当慢,这些特性使太赫兹波十分适合未来外太空的卫星间通信,并且也为室内的短距离通信提供了解决方案。太赫兹无线通信系统具有高度的抗干扰能力、难以破译通信数据的安保能力,以及难以被截获的特点,因此在军事领域等对通信要求较高的特殊情况下,太赫兹无线通信技术成为通信系统研究的重点。

太赫兹通信除了具有上述大带宽的固有优势之外,还具有相较微波、毫米波通信以及激光通信的一些优势。首先,太赫兹波比毫米波波长更短,衍射更小,因而方向性更强,同时太赫兹频段容易实现超高带宽扩频通信,这对保密通信具有重要意义;其次,在雨雾、雾霾、战场等恶劣环境条件下,相比光波,太赫兹波的衰减更小,因而在特定的通信距离、自然条件要求下,太赫兹波相较光波更易实现可靠的通信传输。随着未来无线通信需求与技术的持续发展,需要不断开发新的频谱资源,提高信息传输速率。太赫兹频段(0.1~10 THz)频谱资源具有 100 Gbit/s 以上大容量传输能力,在未来无线与移动通信中有着广阔的应用前景,太赫兹将是第六代(6G)或者第七代(7G)通信的承载基础。全球纷纷对 6G 展开方向性研究。太赫兹通信具有高速数据无线传输能力、强通信跟踪捕获能力、高保密性等优点,是发展未来 6G 大容量数据最重要的技术手段,是推动、发展新一代高速大容量无线通信的重要基础。太赫兹技术研究将大大推动太赫兹无线通信的实用化、商业化进程,为制定未来太赫兹通信技术标准奠定基础,对发展中国先进科学技术,提升中国科技创新能力具有重大的战略意义。通过进一步支持国内团体对太赫兹技术的研究,包括对太赫兹电路设计技术的理论研究、仿真,促进与国外的交流和沟通,不断增强技术水平,进行关键器件的流片与验证,为将来的产业化解决关键技术难点,储备人才,积累经验。相关研究预期在太赫兹器件领域将取得一批具有自主知识产权的技术成果,推动太赫兹芯片相关产业的发展,为产业界提升网络带宽速率提供较大的实践价值。

参考文献

[1] KENDRA L B. Current wideband MILSATCOM infrastructure and the future of bandwidth availability[J]. IEEE Aerospace and Electronic Systems Magazine,2010,25(12): 23-28.

[2] DAVID M S, ANDREW G, TING-SHUO C. Applicability of open-source software routers on the design of a flexible network-centric MILSATCOM terminal[C]. 26th AIAA International Communications Satellite Systems Conference,2008: 1425-1449.

[3] HARRIS A, GIUMA T A. Minimization of acquisition time in a wavelength diversigied FSO link between mobile platforms[J]. Proc. of SPIE,2007,6551: (655108-1)-(655108-10).

[4] 于思源,马晶,谭立英.提高卫星光通信扫描捕获概率的方法研究[J].光电子激光,2005,16(1): 57-62.

[5] 马晶,韩琦琦,于思源,等.卫星平台振动对星间激光链路的影响和解决方案[J].光电子激光,2004,15(4): 472-476.

[6] HINDMAN C, TOBERTON L. Beaconless satellite laser acqusiition-modeling and feasibility[C]. MILCOM 2004-IEEE Military Communicatins Conference,2004: 41-47.

[7] 陈云亮,于思源,马晶,等.卫星间光通信中多场扫描捕获的仿真优化[J].中国激光,2004,31(8): 975-978.

[8] CHAN V M S. Optical space communications[J]. IEEE J. Quantum Electron,2002,6(6): 959-975.

[9] YU S Y,GAO H D,MA J,et al. Selection of acquisition scan methods in intersatellite optical communications[J]. Chinese Journal of Lasers,2002,B11(5): 364-368.

[10] NILSSO N. Fundamental limits and possibilities for future telecommunications[J]. IEEE Communications Magazine,2001,39(5): 164-167.

[11] 张新亮,孙军强,刘德明,等. 基于半导体光放大器的交叉增益型波长转换器转换特性的研究[J]. 物理学报,2000,49(4): 741-746.

[12] ZHANG X,HUANG D,SUN J,et al. Performance improvement in XGM wavelength conversion based on a single. Port. coupled SOA[J]. Microwave and Optical Technology Letters,2000,26(5): 286-288.

[13] TOMKOS I,ZACHAROPOULOS I,RODITI E,et al. Mechanisms of wave mixing and polarization sensitivity of the wavelength conversion in semiconductor optical amplifiers using two parallel polarized pumps[J]. Optics Communications,1999,163(5): 49-55.

[14] HUNZIKER G. Folded-path self-pumped wavelength convener based on four-wave mixing in semiconductor optical amplifier[J]. IEEE Photon. Tech,Lett,1997,9(10): 1352-1354.

[15] GERAGHTY D F,LEE R,VERDIELL M,et al. Wavelength conversion for WDM communication systems using four-wave mixing in semiconductor optical amplifiers[J]. IEEE J Select Quantum Electron,1997,3(5): 1146-1155.

[16] MARTELLI F,OTTAVI A D,GRAZIANIL,et al. Pump-wavelength dependence of FWM performance in semiconductor optical amplifiers[J]. IEEE Phomn Technol Left,1997, 9(6): 743-745.

[17] SUMMERFIELD M A,TUCKE R S R. Optimization of pump and signal powers for wavelength converters based on FWM in semiconductor optical amplifiers[J]. IEEE Photon. Tech. LeR,1996,8(10): 1316-1318.

[18] KAUFINANN J E,CHAN V W S. Coherent optical intersatellite crosslink systems[J]. Proc. IEEE,1988,32: 533-540.

[19] 吕海寰,蔡剑铭,甘仲民,等. 卫星通信系统[M]. 北京：人民邮电出版社,1996.

[20] YASAKA H,ISHII H,TAKAHATA K,et al. Broad—band tunable wavelength convemion of high—bit-rate signals using super structure grating distributed Bragg reflector laser[J]. IEEE Journal of Quantum Electronics,1996,32(3): 463-469.

[21] MECOZZI A,SCOTTI S,OTTAVI A D,et al, Four-wave mixing in traveling-wave semiconductor optical amplifiers[J]. IEEE J. Quantum Electron,1995,31(4): 689-699.

[22] WANG J,OlESEN H,TUBKJAERK S. Recombination, gain, and bandwidth characteristics of 1. 39m semiconductor laser amplifier[J]. Lightwcrve Technology,1995, 1. LT-5: 184-189.

[23] ZHOU J,PARK N,DAWSON J W,et al. Efficiency of broadband four-wave mixing wavelength conversion using semiconductor traveling wave amplofiers[J]. IEEE Photon. Tech. Lett. ,1994,6(1): 50-52.

[24] DUAN G H. IGbit's opera: cion ofoptically triggered MQW bistable lasers incoraporating a proton bombarded absorber[C]. In Proc. CLEO'93,1993: CThH5.

［25］ MIKKELSEN B,PEDERSEN R J S,DURHUUS T,et al. Wavelength conversion of high speed data signals［J］. Electronics Letters,1993,29(18)：1716-1718.

［26］ HENING I D. Performance predictions from a new optical amplifier model［J］. IEEE Journal of Quantum Electronics,1985,21(6)：609-613.

［27］ YAMAKOSHI S. An optical-wavelength conversion laser with tuneable range of 30A［C］. Proc. OFC'88,1988：PD10.

第10章

卫星与空间通信系统未来发展趋势

卫星通信系统正朝着大和小两个方向发展：一方面是体积、功率更大，功能更强的静止同步轨道卫星（geostationary Earth orbit，GEO）；另一方面是体积小、适宜模块化生产、成本低的低轨道卫星（low Earth orbit，LEO）。具有星上处理能力、多波束天线和星际链路的卫星将逐渐取代传统的弯管式卫星而成为研究和应用的重点。多媒体、互联网接入、文件传输、网络互连、远程教育、远程医疗、视频分发等多种数据业务将替代传统的电视、电话而成为主体传输业务。卫星通信的发展目标是与地面上通信互联网的无缝连接，为广大用户提供宽带网络接入技术服务，卫星逐渐演变为太空路由器。

10.1 宽带卫星通信的发展

10.1.1 宽带卫星通信系统

卫星宽带通信也称为多媒体卫星通信，指的是通过卫星进行语音、数据、图像和视像的处理和传送。因为卫星通信系统的带宽远小于光纤线路，在卫星通信领域几十兆比特每秒就称为宽带通信了。提供更大带宽是卫星通信的发展方向，卫星通信也为许多新应用和新业务提供了机会。

1. 系统的分类和作用

系统的分类：

（1）根据用途，可分为中继型和面向用户型宽带卫星通信系统；

（2）根据轨道情况，可分为静止轨道、低轨道和混合轨道宽带通信系统；

（3）根据卫星有效载荷的情况，可分为透明卫星通信系统和具有星上处理能力宽带卫星系统。

系统的作用：

（1）为用户或用户群提供互联网骨干网络的高速接入；

（2）作为骨干传输网络，连接不同地理区域的互联网网络营运商；

（3）为了独立于地面网络，多数卫星宽带通信系统将使用微波或激光星际链路实现系统的卫星互联，构成空间骨干传输网络；

（4）卫星链路的传输损耗大，在高传输速率的情况下，要求用户使用具有较大口径的接收和发射天线。因此，短时间内卫星宽带通信系统将无法支持手持终端的移动高速通信。

2. 技术基础

卫星通信的可用频谱资源很有限，建设宽带网必然要采用更高频率。宽带卫星业务基本是使用 Ku 频段和 C 频段，但 Ku 频段的应用已经非常拥挤，故计划中的宽带卫星通信网基本是采用 Ka 频段，通过同步轨道卫星、非静止轨道卫星或两者的混合卫星群系统提供多媒体交互式业务和广播业务，如图 10-1 所示。

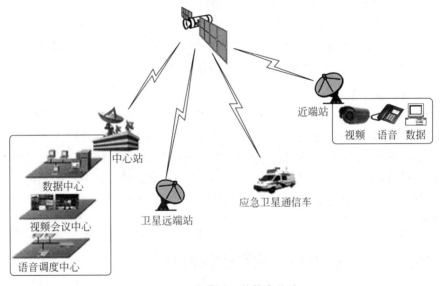

图 10-1　宽带卫星的技术基础

Ka 频段卫星通信技术已有基础，卫星通信要利用 Ka 频段必须解决下列关键技术问题：

（1）克服信号雨衰；

（2）研制复杂的 Ka 频段星上处理器；

（3）保证高速传输的数据没有明显的时延；

（4）保持星座中有关卫星之间的有效通信；

（5）通过星上交换进行数据包的路由选择。

国际上，特别是欧洲、美国，有关 Ka 频段卫星通信概念和关键技术的试验工作已做了不少,可以说,现代卫星通信技术的发展已为解决后四项关键技术打下了基础,而雨衰是波长在 $1\sim1.5$ cm 的 Ka 频段的主要问题。由于使用的波长和雨滴的大小相仿,雨滴将使信号发生畸变。目前正在设计的 Ka 频段的卫星通信系统,因雨衰而引起的通信中断平均每月要超过 3 h。这就难以满足一般电信用户通信可利用率达到 99.9% 的要求。

为了克服雨衰问题,解决方法包括以下几种:

(1) 加大天线尺寸和信号功率,但这会增加卫星的成本;

(2) 设立更多的地面终端站,从而使信号能沿多条路径传送,但这会增加地面系统的成本;

(3) 通过控制功率分配,增大对降雨地区的传输功率,采用这个措施会增加卫星的复杂性,特别是提高了控制软件的要求;

(4) 发展对信号畸变的校正技术;

(5) 采用地面光纤与卫星通信相结合的方式。

Ka 频段的卫星通信系统雨衰问题的解决,在一定程度上是服务质量和费用的折中。若要保证 Ka 频段卫星通信业务的高可靠性和高利用率,就必须在链路设计中留有一定余量来避免因暴雨造成的通信中断。但这种余量在正常的天气情况下却是一种浪费,会导致整个系统的成本增加和终端的价格上升。

3. 低轨道卫星

低轨道卫星星座组网技术已积累了丰富经验。以"铱星""全球星"和 ICO 为代表的非静止轨道卫星通信系统取得了很大进展,"铱星"系统已投入运行。这些系统的建造促进了星座组网、星上处理和星间通信等技术的发展,开发过程中积累的卫星设计能力、卫星制造技术、大卫星系统集成和超大系统管理经验都将直接应用到全球宽带多媒体通信系统。可以说是全球个人移动电话系统奠定了发展全球宽带多媒体卫星通信系统的基础。

10.1.2　宽带卫星通信在中国的应用

我国幅员辽阔,人口众多,全国高等院校和重点高中都向数字化校园方向发展,因此我国对互联网的需求也呈爆炸式的速度增长。还有,我国的娱乐业也随着人们生活水平大幅度的提高而越来越兴旺,境内外的美国职业篮球联赛(NBA)和中国职业篮球联赛(CBA)、足球等球市在国内只不过几年的时间就疯长起来,其规模可能已远超国外球市,享受丰富多彩的文化体育娱乐,不仅是城市居民,也是广大农村地区居民的需求。上述列举的情况意味着我国的宽带卫星在远程教育、远程医疗、卫星互联网接入和电视广播等领域的市场十分广阔和深厚。

1. 我国通信技术的发展

1949 年以后,我国迅速恢复和发展通信。1958 年建成的北京电报大楼成为新中国通信发展史的一个重要里程碑。但直到 1978 年,全国电话普及率仅为 0.38%,不及世界水平的 1/10,约占世界 1/5 人口的中国拥有的话机总数还不到世界话机总数的 1%,每 200 人中拥有话机还不到一部,比美国落后 75 年!交换机自动化比重低,大部分县城、农村仍在使用“摇把子”,长途传输主要靠明线和模拟微波,即使北京每天也有 20% 的长途电话打不通,15% 的长途电话要在 1 h 后才能接通。在电报大楼打电话的人还要带着午饭去排队。1978 年,全国电话容量 359 万门,用户 214 万,普及率 0.43%。改革开放后,落后的通信网络成为经济发展的瓶颈,自 20 世纪 80 年代中期以来,中国加快了电信基础设施的建设,到 2003 年 3 月,固定电话用户数达 22562.6 万,移动电话用户 22149.1 万,数字数据网(DDN)已覆盖全部地级以上城市和 90% 的县级城市。

2. 我国互联网的发展

1987 年,北京大学钱天白教授向德国发出第一封电子邮件。当时中国还未加入互联网。

1991 年 10 月,在中美高能物理年会上,美方发言人怀特·托基介绍把中国纳入互联网络的合作计划。

1994 年 3 月,中国终于获准加入互联网,并在同年 5 月完成全部联网工作。

1995 年 5 月,张树新创立第一家互联网服务供应商——瀛海威,中国的百姓开始进入互联网络。

2000 年 4—7 月,中国三大门户网站搜狐、新浪、网易成功在美国纳斯达克挂牌上市。

2002 年第二季度,搜狐率先宣布盈利,宣布互联网的春天来临。

2006 年底,中国市值最高的互联网公司腾讯的市值达到 60 亿美元。

2008 年 6 月底,我国网民达到 2.53 亿,普及率接近 20%,首次大幅度超过美国,跃居世界第一。

2009 年 1 月 7 日,国家工业和信息化部(以下简称“工信部”)为中国移动、中国电信和中国联通发放 3 张 3G 牌照,标志着中国进入 3G 时代。

2010 年 3 月 23 日,谷歌宣布退出中国,成为中美互联网发展的分水岭,对中美互联网的合作与冲突影响深远。

2013 年 12 月 4 日下午,工信部正式发放 4G 牌照,宣告我国进入 4G 时代。由 3G 引发的移动互联网热潮,终于在 4G 时代大放光彩。移动通信基础设施的改进与突破是互联网推动社会联结性提升的基础。

2016 年 4 月 19 日,习近平总书记在北京主持召开网络安全和信息化工作座谈会并发表重要讲话,系统勾勒出中国网信战略的宏观框架,明确了中国网信事业肩负的历史使命,为深入推进网络强国战略指明了前进方向,也为国际互联网治理提供了重要参考。

2019 年 6 月 6 日,工信部正式向中国电信、中国移动、中国联通、中国广电发放

5G 商用牌照,中国正式进入 5G 商用元年。

2020 年 3 月,我国网民规模为 9.04 亿,互联网普及率达 64.5%。

3. 宽带卫星通信在远程教育中的应用

1) 数字化和网络化

数字化:将许多复杂多变的信息转变为可以度量的数字、数据,再以这些数字、数据建立起适当的数字化模型,把它们转变为一系列二进制代码,引入计算机内部,进行统一处理,这就是数字化的基本过程。具有较好的稳定性,易于处理等优势。

网络化:把整个互联网整合成一台巨大的超级计算机,实现计算资源、存储资源、数据资源、信息资源、知识资源、专家资源的全面共享。由于网络是一种新技术,它也就具有新技术的两个特征:第一,不同的群体用不同的名词来称谓它;第二,网络的精确含义和内容尚没有固定,而是在不断变化。

2) 我国远程教育市场需求

我国远程教育 1998 年起步时全国仅有学生 2931 人,1999 年达到 3.2 万人,2003 年已经达到 230 万人,发展速度非常快,表明我国现代远程教育的规模在不断扩大。

2007 年中国网络教育市场总体规模接近 300 亿元,包括高等网络教育、在线(远程)教育和网络教育服务。其中在线(远程)教育是以各类考前辅导或提高技能为主要目的的远程培训,包括基础教育在线培训、成人职业在线培训和企业在线培训,而网络教育服务则包括教育门户、教育网游、教育频道、平台及内容提供商等。

目前国内网络培训主体呈多元化发展,激烈的竞争局面开始显现。特别是在经济和教育全球化的浪潮以及中国加入世界贸易组织(WTO)背景下,境外的院校和企业也介入中国网络教育的市场。目前国内网络教育市场处在一个从卖方到买方市场的过渡阶段,随着知识更新速度的加快和社会非学历教育需求的进一步扩大,加之我国网络应用环境的完善,基于互联网的远程教育培训市场将空前繁荣。

国家很重视发展现代远程教育,将其作为解决我国教育资源短缺、构建我国终身教育体系的有效途径。随着新技术、新媒体的发展,远程教育还将有更大的发展。但是,由于我国人口基数过大,这使得我国的教育资源仍然十分短缺,教育需求也十分巨大,这就为远程教育提供了广阔的发展空间。

3) 现代化远程教育工程总目标

我国现代化远程教育的总目标:充分利用现代信息技术,以现有中国教育和科研计算机网(CERNET)、卫星电视教育网为基础,形成现代远程教育网络,推动各级各类教育的改革和发展,提高教育质量,构建开放的学习体系和终身教育体系。

我国已经初步建立现代远程教育网络,并建设了一批适合于远程教育的主干课程,通过试点,探索适合我国国情的现代远程教育的教学模式、管理模式和运行机制。基本形成了多规格、多层次、多形式、多功能,具有中国特色社会主义的现代远程教育体系,为广大社会成员的终身学习提供了更好的条件和学习环境。

　　结合现在宽带通信系统技术,逐步形成以 Ku 频段为主,Ku 和 C 频段并存的卫星传输体制,将模拟电视信号传输改为数字压缩电视信号传输,采用数字压缩后一个 36 MHz 转发器可发送 68 套中等质量远程教育电视节目,如果租用 54 MHz 转发器则可开通 10 套以上的节目。建立现代远程教育传输中心,传输中心是卫星电视教育网中允许通过卫星播发远程教育节目的唯一的发送站,它的主要功能是汇集需要上行的各路远程教育信号,对信号进行数字压缩、复接、调制处理,实施条件接收、对教学单位的收费控制和信号监控,如图 10-2 所示。

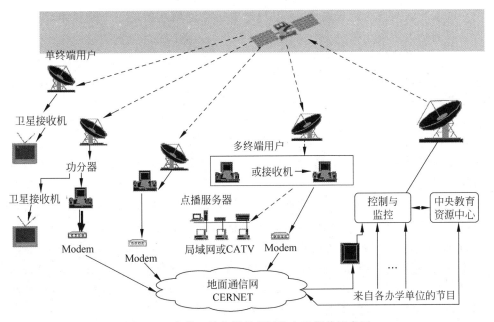

图 10-2　宽带卫星电视教育网络主干部分示意图

　　建立异地远程教育节目传输系统过程如下:

　　(1)利用原卫星电视教育第三套节目 C 频段转发器资源;

　　(2)借助 CERNET 以及公众电信网或广播电视网;

　　(3)大力推广卫星电视单收站的应用,争取在 2～3 年内使全国大多数中小学及各类教育单位实现教育节目的直接收看;

　　(4)在边远贫困地区选择 8000 所县级职业学校、乡镇、一级中小学建立现代远程教育收视点,直接收看数字电视教育节目;

　　(5)在国家级贫困县选择 100 所学校建立现代远程教育学习中心,教师和学生可直接收看数字电视教育节目和多媒体课件,保持信息透明或离线浏览互联网,开展多媒体辅助教学,以提高教师应用信息技术的能力。

4. 宽带卫星通信在互联网中的应用

中国互联网络信息中心统计资料表明,目前中国互联网最令人失望的两个问题是上网速度慢和收费高。为了解决上述的两个主要问题,必须加快互联网的传输速率。宽带卫星通信系统因其高传输率,在互联网中大有作为。

加速互联网传输的卫星解决方案如下:

(1) 利用宽带卫星的双向传输,如 Teledesic 系统可以给用户提供 16 kbit/s 至 2.048 Mbit/s 的传输速率;

(2) 利用卫星的高速下载和地面反馈的外交互的方式,它是基于当前互联网信息流量非对称而提出的。

随着互联网技术的快速发展,卫星已成为互联网连接的一个重要组成部分。而卫星通信为适应互联网业务的传输,也需要引入新的技术。

中国卫星通信的骨干企业——中国通信广播卫星公司(简称"中广卫",现为中国卫通集团股份有限公司),凭借公司在卫星空间段资源、卫星通信技术、网络通信技术和人才方面的雄厚实力,引进了美国休斯公司的 DirecPC(Direct to PC)宽带卫星互联网接入系统。通过对该系统的改造和二次开发,正式推出了中星在线卫星宽带信息服务平台,填补了国内卫星互联网领域的空白。

DirecPC 系统本身是一套"外交互式"宽带卫星互联网接入系统,同时也具有数据广播和信息推送的功能。

通信系统分为单向通信和双向通信两种基本模式。其中双向通信一般具有自己的收发信道。如果一种通信系统的收发信道彼此分离,并且可以实现一个发信道对应于一个或多个收信道这两种特征,可以称为外交互通信。所谓"外交互式"卫星通信,就是指将信息传输的上下行通道分离,下行利用宽带卫星信道,上行采用电话调制解调器(modem)、综合业务数字网(ISDN)、DDN 等其他方式,充分利用互联网上信息传输的不对称性,实现整个通信过程。

5. 宽带卫星通信在远程医疗中的应用

我国是一个人口众多的国家,14 亿人中有 8 亿农村人口,农村地区医疗条件比较差,缺乏足够的高水平的医生为当地人民服务,远程医疗和远程培训通过宽带卫星可以解决这个问题。基于卫星通信的远程医疗系统以广播通信卫星系统作为远程医疗系统主要通信信道,地基通信系统为补充。系统具有多个小型卫星上行站、接收站,在发达的城市医疗专家中心设固定卫星上行站主站,医疗被服务点设卫星站从站。医疗服务点可以通过现有可靠的地基通信系统,如 IP 网、移动电话网、微波站等与卫星站通信,也可以将卫星站系统架设在医疗服务点旁边。多组点对点远程医疗服务时,可以同时利用多路卫星信道。

基于卫星通信的远程医疗系统由广播通信卫星与卫星站系统、呼叫中心系统和医疗服务系统组成,如图 10-3 所示。

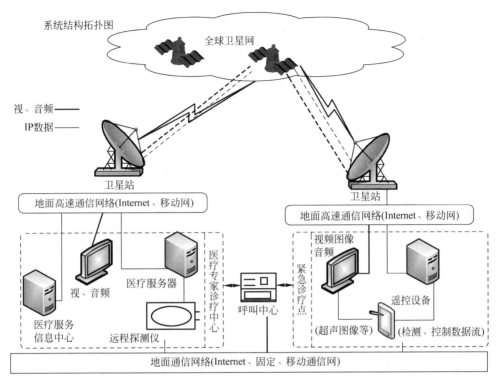

图 10-3　基于卫星通信的远程医疗系统组成

1）广播通信卫星与卫星站系统

卫星通信使用的卫星系统，可以是高轨道同步广播通信卫星，也可以是基于多个甚小孔径卫星终端（VSAT）组成的卫星网。

卫星地面站可借用广播电视或电信等系统固定卫星地球站，或使用便携式的卫星发射接收系统（移动卫星转播车等）。卫星地球主站通过卫星网关、编码器、条件接收发送设备、DVB/IP 复接器、调制器、变频器发送设备、接收设备、变频器、解调器等设备与卫星链路相接。如果在移动中设施，如汽车、远洋船只、大型航空器上，还必须具有能进行实时跟踪的天线自动定位系统。

2）呼叫中心系统

医疗服务对象使用互联网、电话、传统书信等一切方式联系呼叫中心寻求帮助。呼叫中心承担整个远程医疗的医疗专家中心与医疗专家中心，医疗专家中心与医疗服务对象的联络。根据医疗服务对象的需求，分层次组织各地远程医疗专家中心工作。呼叫中心可以进行初步咨询，对需要卫星通信的远程医疗进行安排。

3）医疗服务系统

所有能够参加远程会诊的医疗专家中心安装远程医疗专家端软件、硬件。需要会诊时，由申请会诊方向医疗专家中心发出会诊需求援助申请。请求确认后，安排医疗专家参加会诊。在整个会诊过程中,专家会诊终端与其他远程会诊终端随时保持音频和视频的连接,再辅以屏幕取景、白板共享等数据工具,使多方的沟通更加流畅。医疗服务系统由以下几部分组成:

(1) 医疗电子数据采集诊断系统,例如采用数字成像仪、超声测探自动记录仪采集高分辨率的 X 光片、计算机断层扫描(CT)图等;

(2) 视频通信系统,提供面对面的可视化实时通信系统,进行视频会议、卫星电话通信等;

(3) 远程操作控制系统,如机械手等外科手术操作设备。

10.2　卫星激光通信系统

卫星激光通信具有通信容量大、传输距离远、保密性好等优点,是建设空间信息高速公路不可替代的手段,也是当前国际信息领域的前沿科学技术。尤其是高轨星地激光通信技术,技术难度极大,是当前各国竞相开发的热点。

10.2.1　国外卫星激光通信系统的发展

1. 欧洲空间局 SILEX 计划

SILEX 计划是欧洲空间局(ESA)于 20 世纪 80 年代开始的星间激光通信计划,由法国的 Matra Marconi Space 公司全面负责,目的是要通过法国地面观测卫星"SPOT-4"(低轨卫星)与通信卫星"Artemis"(高轨卫星)之间的光学连接证实星间激光通信的可行性,同时实现"Artemis"卫星与欧洲光学地面站的激光通信,并借助激光通信链路将"SPOT-4"拍摄的图像真正实时地通过"Artemis"卫星传送到法国的地面中心。

激光通信终端的主要技术参数:通信速率为上行 50 Mbit/s(低轨卫星→高轨卫星),下行 2 Mbit/s(高轨卫星→低轨卫星);通信最大距离 45000 km;通信激光器为 GaAlAs 激光二极管,直接光强调制;接收检测器为雪崩光电二极管;信标激光器为多激光二极管(×19 光纤耦合);跟踪位置探测器为 CCD;望远镜孔径为 250 mm。SILEX 激光通信终端的技术设计数据具有重要参考价值。

激光通信系统技术指标:

(1) 低轨卫星终端(PASTEL)。波长为 843～853 nm,激光功率为 120 mW(峰值)/60 mW(平均),光束发散度为 10 mrad,调制方式为 OOKDIM,数据速率为 50 Mbit/s,望远镜口径小于 250 mm,接收视场为 100 mrad,接收灵敏度为 −59 dBm,质量为 80 kg。

(2) 高轨卫星终端(OPALE)。波长为 815～825 nm,激光功率为 120 mW(峰值)/60 mW(平均),光束发散度为 16 mrad,调制方式为 OOKDIM,数据速率为

2 Mbit/s,望远镜口径小于 250mm,接收视场为 100 mrad,质量为 160 kg。

激光二极管信标光源技术指标:

中心波长为 801 nm,光束发散度为 750 mrad,单激光二极管输出功率为(×19)700 mW,总输出功率为 3.8 W,透射率为 45%,光纤耦合效率为 87.7%。

2. 日本 SILEX-LUCE 计划

LUCE 终端的工程模型(EM)与轨道模型(OM)基本相同,主要由光学部分(LUCE-O)和电学部分(LUCE-E)构成。LUCE-O 安装在 OICETS 卫星背对地球的一面,正对高轨卫星"Artemis"的视场。LUCE-O 包括安装在两轴 U 形万向架上的光学天线和中继光学平台。激光发射机采用 GaAlAs 半导体激光二极管,粗跟踪传感器采用 CCD 探测器,精跟踪传感器采用四象限探测器。LUCE-E 位于卫星内部,控制 LUCE-O 的捕获、跟踪与瞄准并实现通信功能(PN 码)。

主要技术指标为:通信激光发射平均功率为 100 mW,波长为 830 nm;调制模式为非归零码(NRZ)直接强度调制;通信速率为 50 Mbit/s,望远镜口径为 260 mm;终端质量为 140 kg。

3. 瑞士 OPTEL 高性能激光通信终端系列

在发展 SILEX 计划的同时,瑞士的康特拉夫斯(Contraves)空间中心在欧洲空间局卫星星座链路(the cross links for satellite constellations,SROIL)、星间链路先进技术(inter satellite link front end,ISLFE)和通用技术(optical cross links,OXL)等多个合作计划的先期研究基础上,以工业化应用为目标,设计和发展了 OPTEL 系列的激光通信终端,以满足各种空间应用的需求,所发展和解决的主要关键技术是高码率零差相干光通信技术。

OPTEL 系列属于高性能激光通信终端,已经达到高码率、小型化、轻量化和低能耗要求。终端系列采用 1.064 mm 相干接收零差探测技术,发射信号进行二进制相移键控调制。如 OPTEL-25,通信激光器采用二极管泵浦单频单模可调谐 Nd:YAG 激光加光纤激光放大器的主振放大结构(MOPA),发射波长为 1.064 mm,采用 808 nm 激光二极管泵浦;掺镱光纤放大器采用波长 977 nm 激光二极管泵浦,激光系统的输出功率为 1.25 W;变窗口 CCD 传感器用于捕获和粗跟踪,微机械光纤扫描位置探测器用于精跟踪和通信;信标激光为激光二极管,光波长为 808 nm,最大输出功率可达 7 W;望远镜口径为 135 mm。该系统设计具有重大参考价值,现详细说明如下。

发射和本机激光器的泵浦模块,信标激光器:波长为 808 nm,谱线宽度为 2.1 nm/1.6 A,波长漂移为 0.3 nm/℃,光输出功率为 1.1 W,最大光输出功率为 7 W,常见插头接线效率为 20%,输出光纤为 100 mm 多模光纤,外壳尺寸为 100 mm×122 mm×46 mm,质量为 256 g,正常功耗为 12 W,第一阶本征频率为 272 Hz,非工作温度范围−40～+65℃。

发射和本机振荡激光器:波长为 1064 nm,线宽 10 kHz,输出功率为 80 mW,

频率调谐范围为 12.4 GHz,输出光纤 5 mm 保偏-单模,外壳尺寸为 240 mm×118 mm×60 mm,质量为 500 g,功耗为 11.2 W,第一阶本征频率为 200 Hz,非工作温度范围为−35～+45℃。

光纤激光放大器:信号波长为 1064 nm,输入功率为 10 mW,输出功率为 1.25 W,泵浦波长为 977 nm,泵浦功率为 5.5 W,偏振消光率大于 20 dB,外壳尺寸为 200 mm×100 mm×40 mm,质量为 1.7 kg,第一阶本征频率为 200 Hz,热工作范围为 15～50℃。

光纤放大器激光泵浦模块:波长为 977 nm,光谱宽度为 3 nm,(正常)光输出功率为 16 W,光束尺寸为 12 mm×12 mm,光束发散度为 7 mrad,对准误差为±0.06 mrad,外壳尺寸为 210 mm×130 mm×30 mm,质量为 1.1 kg,最大功耗为 88 W,第一阶本征频率为 250 Hz,非工作温度范围为−40～+65℃。

4. 德国的 TerraSAR-X 激光通信终端

TerraSAR-X 卫星是德国新的合成口径雷达卫星,是德国用于科学和商业应用的国家级卫星。该卫星计划搭载一个激光通信终端(LCT),通信速率为 5.625 Gbit/s(24×225 Mbit/s),可以用来进行星间激光通信(美国的低轨卫星)和星地激光通信,用于实时传输合成孔径雷达上的数据。

终端通信波长为 1.064 mm,采用相干光通信方案,BPSK 调制,零差相干检测。望远镜主镜直径为 125 mm。终端质量小于 30 kg,功耗低于 130 W,并且保证在 10 年使用过程中的可靠度超过 0.9998。

10.2.2　国内卫星激光通信系统的发展

2017 年,我国新一代高轨技术试验卫星"实践十三号"搭载的激光通信终端,成功进行了国际首次高轨卫星对地高速激光双向通信试验。

据介绍,试验任务达到预期效果,取得圆满成功,标志着我国在空间高速信息传输这一航天技术尖端领域走在了世界前列,为后续天地一体化信息网络国家重大科技工程的实施奠定了坚实基础,意义重大,影响深远。

此次试验由哈尔滨工业大学马晶、谭立英教授所带领的卫星激光通信团队负责。团队取得了多项技术突破,攻克了多项国际难题,开创了国际卫星激光通信发展的新局面。一是试验链路跟踪稳定,在距地球近 4 万千米高度的卫星与地面站之间,攻克光束"针尖对麦芒"般的高精度捕获难题,有效克服了卫星运动、平台抖动、复杂空间环境等因素影响,成功实现光束信号的快速锁定和稳定跟踪,平均捕获时间 2.5 s,1 h 跟踪稳定度为 100%。二是传输速率高,国际首次实现了高轨星地激光双向通信,最高速率达 5 Gbit/s,国际领先。三是通信质量好,国际上首次实现了高轨星地 600 Mbit/s、1.25 Gbit/s、2.5 Gbit/s、5 Gbit/s 多种数据率的激光通信。四是采用多项自主创新先进技术,在卫星与地面间首次采用波分复用激光通信技术,并对高速激光信息接收与转发、远距离高速激光通信大气影响补偿等多项关键技术进行了验证,为后续军民业务应用奠定了基础。

我国卫星光通信研究与欧美国家相比起步较晚,目前国内只有少数几个单位(如电子科技大学、哈尔滨工业大学等,武汉大学近年来也参与了卫星激光通信方面的研究,并取得了较大成果)进行卫星光通信方面的研究工作,这些工作涉及卫星光通信的基础技术及基本元器件的研究,以及关键技术的研究,但离空间实验阶段还有相当一段距离。虽然我国在这方面的研究与国外的距离较大,但从现有国内器件及技术水平看,卫星光通信所需的技术基础已经具备,这与国外开展卫星光通信研究的初期情况不同,当时卫星光通信所需的主要元器件均不成熟,因此,国外卫星光通信方面的研究工作初期走了不少弯路。现在卫星光通信所需元器件已经比较成熟,我国的卫星光通信研究只要加大投资力度,一定会很快在关键技术方面得到突破,我国卫星光通信研究从开始到进行星上搭载实验的时间也会大大短于国外。

10.2.3 卫星激光通信系统的组成

为了实现空间光传输与捕获跟踪瞄准(acquisition tracking pointing,ATP)技术,通常需要信号光与信标光。一般的卫星间光通信系统由以下4部分组成。

1. 光天线伺服平台

包括天线平台及伺服机构,由计算机控制。在捕获阶段完成捕获扫描,系统处于按预设指令工作状态,将光束导引到粗定位接收视场,从而完成光束捕获。在跟踪、定位阶段,根据跟踪探测器获得的误差信号,经处理后送到伺服执行机构,构成一个负反馈闭环系统,完成精定位。对于运动载体上的光通信系统,为了减小各种扰动误差影响,还需要增加陀螺控制回路。

2. 误差检测器

包括光子天线及光电探测器。光电探测器一般由捕获探测器和定位探测器两部分组成。捕获探测器完成捕获与粗跟踪,并将接收到的光信号引导到定位探测器上,进行精定位,最后调整收发端,使光束对准。

3. 控制计算机

控制计算机包括中心控制处理器与输入、输出接口设备。控制计算机可以接收卫星控制指令,控制天线伺服平台粗对准光链路的连接方向。捕获阶段可以由预定的程序控制光束扫描和捕获。在跟踪阶段,计算机对误差信号进行计算,并实时地输出信号控制天线伺服平台的粗、精跟踪,完成光束的对准。

4. 光学平台

收发端机的功能是探测对方发来的信标光,确定信标光方位,给出误差信号使ATP系统校正接收天线的方位,完成双方光子天线的粗对准。在天线已粗对准的情况下,探测双方发来的信号光,并利用信号光在四象限探测器上的坐标,提供方位误差信号给 ATP 单元完成双方天线的精对准和跟踪任务。探测对方发来的信号光,通过放大、解调等电处理,完成通信任务。

卫星激光通信系统是在自由空间中利用激光作为信息传输的载体。光束传播过程中发散角很小,所以光束的对准十分困难,尤其是作为运动卫星间的光通信,完成收发光束的捕获、跟踪、瞄准就成为自由空间激光通信最关键的技术。以上所谈系统只是理论分析,对实际应用国内还有一段很长的路要走。

10.3　卫星导航定位系统

卫星定位系统即全球定位系统。简单地说,这是一个由覆盖全球的 24 颗卫星组成的卫星系统。这个系统可以保证在任意时刻、地球上任意一点都可以同时观测到 4 颗卫星,以保证卫星可以采集到该观测点的经纬度和高度,以便实现导航、定位、授时等功能。

全球卫星导航系统,也称为全球导航卫星系统,是能在地球表面或近地空间的任何地点为用户提供全天候的三维坐标和速度、时间信息的空基无线电导航定位系统。

常见系统有 GPS、BDS、GLONASS 和 GALILEO 四大卫星导航系统。最早出现的是美国的 GPS,现阶段技术最完善的也是 GPS 系统。随着近年来 BDS、GLONASS 系统在亚太地区全面服务的开启,尤其是 BDS 系统在民用领域发展越来越快。卫星导航系统已经在航空、航海、通信、人员跟踪、消费娱乐、测绘、授时、车辆监控管理和汽车导航与信息服务等方面广泛使用,而且总的发展趋势是为实时应用提供高精度服务。

10.3.1　GPS 系统

GPS 系统是美国从 20 世纪 70 年代开始研制的,主要目的是为陆海空三大领域提供实时、全天候和全球性的导航服务,并用于情报收集、核爆监测和应急通信等一些军事目的。经过 20 余年的研究实验,耗资达 300 亿美元。到 1994 年,全球覆盖率高达 98% 的 24 颗 GPS 卫星星座已布设完成。

GPS 利用导航卫星进行测时和测距,具有在海、陆、空全方位实时三维导航与定位能力。它是继阿波罗登月计划、航天飞机后的美国第三大航天工程。如今,GPS 已经成为当今世界上最实用,也是应用最广泛的全球精密导航、指挥和调度系统。

GPS 由空间系统、地面控制系统和用户系统三大部分组成。其空间系统由 21 颗工作卫星和 3 颗备份卫星组成,分布在 20200 km 高的 6 个轨道平面上,运行周期为 12 h。地球上任何地方、任意时刻都能同时观测到 4 颗以上的卫星。地面控制系统负责卫星的测轨和运行控制。用户系统为各种用途的 GPS 接收机,通过接收卫星广播信号来获取位置信息,该系统用户数量可以是无限的。

GPS是美国为军事目的而建立的。1983年,一架民用飞机在空中因被误认为是敌军飞机而遭击落后,美国承诺GPS免费开放供民间使用。美国为军用和民用安排了不同的频段,并分别广播了P码和C/A码两种不同精度的位置信息。美国军用GPS精度可达1 m,而民用GPS理论精度只有10 m左右。特别地,美国在20世纪90代中期为了自身的安全考虑,在民用卫星信号上加入了选择可用性(selective availability,SA),进行人为扰码,这使得一般民用GPS接收机的精度只有100 m左右。2000年5月2日,SA干扰被取消,全球的民用GPS接收机的定位精度在一夜之间提高了许多,大部分的情况下可以获得10 m左右的定位精度。美国之所以停止执行SA政策,是由于美国军方现已开发出新技术,可以随时降低对美国存在威胁地区的民用GPS精度,这种高精度的GPS技术才得以向全球免费开放使用。

受应用需求的刺激,民用GPS技术蓬勃发展,出现了差分GPS(DGPS)、地面广播站型态的修正技术(WAAS),进一步提高民用GPS的应用精度。2005年,美国开始发射新一代GPS卫星,开始提供第二个民用波段。未来还将提供第三、第四个民用波段。随着可用波段的增加,新卫星陆续使用,GPS定位系统的精度和稳定性都比过去更理想,这必将大大拓展GPS应用与消费需求。

GPS由空间系统、地面控制系统和用户系统三部分组成,如图10-4所示。

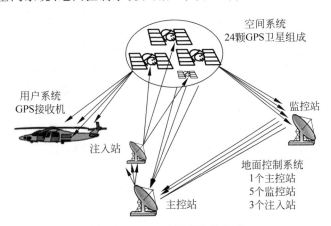

图10-4　GPS卫星系统的组成

GPS的空间部分是由24颗卫星组成,其中21颗工作卫星,3颗备用卫星。它位于距地表20200 km的上空,运行周期为12 h。卫星均匀分布在6个轨道面上,轨道倾角为55°。卫星的分布使得在全球任何地方、任何时间都可观测到4颗以上的卫星,并能在卫星中预存导航信息,GPS的卫星因为大气摩擦等问题,随着时间的推移,导航精度会逐渐降低。

地面控制系统由监测站、主控制站、地面天线所组成,主控制站位于美国科罗拉多州春田市。地面控制站负责收集由卫星传回的信息,并计算卫星星历、相对距离、大气校正等数据。

GPS用户部分包括GPS接收机和用户团体。

10.3.2 "北斗"卫星导航系统

"北斗"卫星导航系统(BDS)是中国自行研制的全球卫星定位与通信系统,是继美国GPS和俄罗斯GLONASS之后第三个成熟的卫星导航系统。系统由空间端、地面端和用户端组成,可在全球范围内全天候、全天时为各类用户提供高精度、高可靠定位、导航、授时服务,并具有短报文通信能力,已经初步具备区域导航、定位和授时能力,定位精度优于20 m。

中国这个要逐步扩展为全球卫星导航系统的"北斗"导航系统(BDS),将主要用于国家经济建设,为中国的交通运输、气象、石油、海洋、森林防火、灾害预报、通信、公安以及其他特殊行业提供高效的导航定位服务。建设中的"北斗"导航系统空间段计划由5颗静止轨道卫星和30颗非静止轨道卫星组成,提供两种服务方式,即开放服务和授权服务。中国将陆续发射系列"北斗"导航卫星,逐步扩展为全球卫星导航系统。

2003年5月25日,我国成功地将第三颗"北斗一号"导航定位卫星送入太空。前两颗"北斗一号"卫星分别于2000年10月31日和2000年12月21日发射升空,第三颗发射的是导航定位系统的备份星,它与前两颗"北斗一号"工作星组成了完整的卫星导航定位系统,确保全天候、全天时提供卫星导航信息。这标志着我国成为继美国和俄罗斯后,世界上第三个建立了完善卫星导航系统的国家。

我国的"北斗一号"卫星导航系统是一种"双星快速定位系统"。突出特点是构成系统的空间卫星数目少、用户终端设备简单、一切复杂性均集中于地面中心处理站。"北斗一号"卫星定位系统是利用地球同步卫星为用户提供快速定位、简短数字报文通信和授时服务的一种全天候、区域性的卫星定位系统。

系统的主要功能是:

(1) 快速定位,快速确定用户所在地的地理位置,向用户及主管部门提供导航信息;

(2) 简短通信,用户与用户、用户与中心控制系统间均可实现双向短数字报文通信;

(3) 精密授时,中心控制系统定时播发授时信息,为定时用户提供时延修正值。

"北斗一号"的覆盖范围是北纬5°～55°,东经70°～140°的心脏地区,上大下小,最宽处在北纬35°左右。其定位精度为水平精度100 m,设立标校站之后为20 m(类似差分状态)。工作频率为2491.75 MHz。系统能容纳的用户数为每小时540000户。

2007年2月3日零时28分,我国在西昌卫星发射中心用"长征三号甲"运载火箭,成功将"北斗"导航试验卫星送入太空。这是我国发射的第四颗"北斗"导航试验卫星,从而拉开了建设"北斗二号"卫星导航系统的序幕。2007年4月14日,我国又成功将第五颗"北斗"试验卫星送入太空。

2020年6月已完成最后一颗发射。

"北斗"导航卫星系统是世界上第一个区域性卫星导航系统,可全天候、全天时提供卫星导航信息。与其他全球性的导航系统相比,它能够在很快的时间,用较少的经费建成并集中服务于核心区域,是十分符合我国国情的一个卫星导航系统。"北斗"导航定位卫星工程投资少,周期短;将导航定位、双向数据通信、精密授时结合在一起,因而有独特的优越性。

"北斗"卫星导航系统按照"三步走"的发展战略稳步推进。第一步,2000年建成"北斗"卫星导航试验系统,使中国成为世界上第三个拥有自主卫星导航系统的国家。第二步,建设"北斗"卫星导航系统,2012年形成覆盖亚太大部分地区的服务能力。第三步,2020年完成"北斗"卫星导航系统全球覆盖能力。

参考文献

[1] 邢强. 小火箭. 全面开启! 中国与美国在全球低轨卫星星座领域正式展开竞争[EB/OL]. http://www.sohu.com/a/225392503_455745. 2018-03-12.

[2] 吴月辉. 我国开通全球首条量子通信干线[N]. 人民日报. 2017-09-30.

[3] 石柱, 代千, 宋海智, 等. 低暗计数率 InGaAsP/InP 单光子雪崩二极管[J]. 红外与激光工程, 2017, 46(12): 279-285.

[4] 马子程. 单光子探测在量子通信中的应用[J]. 通讯世界, 2017(21): 20-21.

[5] 尚湘安, 萧鑫, 张鹏, 等. 宽带卫星有效载荷技术研究进展[J]. 空间电子技术, 2017, 14(5): 7-11.

[6] 黄鑫. 论 Ka 频段宽带卫星通信应用[J]. 科技与企业, 2016(7): 98.

[7] GUIMARÃES-PEREIRA L, COSTA M, SOUSA G, et al. Quality of recovery after anaesthesia measured with QoR-40: a prospective observational study[J]. Brazilian Journal of Anesthesiology(English edition), 2016, 66(4): 369-375.

[8] HILGEVOORD J, UFFINK J. The uncertainty principle[J]. Stanford Encyclopedia of Philosophy, 2016, 66(4): 369-375.

[9] 高家利, 汪科, 曹秋玲. 基于 InGaAs/InP APD 的单光子探测器设计与实现[J]. 光电子技术, 2015, 35(2): 131-134.

[10] 黄华山. 浅谈卫星通信的应用发展现状[J]. 科技创新导报, 2014(25): 81-82.

[11] 郭业才, 袁涛, 周润之, 等. 地球同步轨道卫星模型分析及实现[J]. 电子技术应用, 2014(8): 98-100, 104.

[12] 李剑波, 常浩, 高亚哲, 等. 量子卫星通信及其发展动态简介[C]. 第十届卫星通信学术年会论文集, 2014: 40-45.

[13] 尤立星. 超导纳米线单光子探测技术进展[J]. 中国科学, 2014, 44(3): 370-388.

[14] 陈坤汕,王大鸣,徐尧,等.面向 LTE 的静止轨道卫星通信系统随机接入方式[J].太赫兹科学与电子信息学报,2013,11(5):707-711.

[15] LIU X,NIE M,PEI C. Satellite quantum communication system based on quantum repeating[C]. XianNing:International Conference on Consumer Electronics,Communications and Networks(CECNet),2011:2574-2577.

[16] CHEN T Y,LIU Y,CAI W Q,et al. Field test of a practical secure communication network with decoy-state quantum cryptography[J]. Optics Express,2009,17(8):6540-6549.

[17] CHEN T Y,WANG J,LIANG H,et al. Metropolitan all-pass and inter-city quantum communication network[J]. Optics Express,2010,18(26):27217-27225.

[18] LIU Y,CHEN T Y,WANG J,et al. Decoy-state quantum key distribution with polarized photons over 200 km[J]. Optics Express,2010,18(8):8587-8594.

[19] 胡嘉仲,王向斌.基于诱骗态方法的量子密钥分发[J].中国科学:物理学 力学 天文学,2011,41(4):459-465.

[20] HSIEH A C,COSTA M,ZOLLO O,et al. Genetic dissection of the oncogenic mTOR pathway reveals druggable addiction to translational control via 4EBP-eIF4E[J]. Cancer Cell,2010,17(3):249-261.

[21] 徐启建,金鑫,徐晓帆.量子通信技术发展现状及应用前景分析[J].中国电子科学院研究学报,2009,10:491-497.

[22] MICHEL F,COSTA M,WESTHOF E. The ribozyme core of group Ⅱ introns:a structure in want of partners[J]. Trends in Biochemical Sciences,2008,34(4):189-199.

[23] 孙仕海.诱骗态量子密钥分配的理论研究[D].长沙:国防科学技术大学,2008.

[24] 郭光灿.量子密码——新一代密码技术[J].物理与工程,2005(4):1-4,8-65.

[25] LO H K. Decoy state quantum key distribution[C]. 1st Asia-Pacific Conference on Quantum Information Science,2005.

[26] 林德敬,林柏钢.三大密码体制:对称密码、公钥密码和量子密码的理论与技术[J].电讯技术,2003(3):6-12.

[27] 白木,周洁.卫星移动通信系统的技术与发展[J].电力系统通信,2002,23(6):18-20,24.

[28] 桂有珍,韩正甫,郭光灿.量子密码术[J].物理学进展,2002(4):371-382.

[29] 张雪皎,万钧力.单光子探测器件的发展与应用[J].激光杂志,2007,28(5):13-15.

[30] 张忠祥,韩正甫,刘云,等.超导单光子探测技术[J].物理学进展,2007(1):1-8.

[31] 常君弢,吴令安.单光子探测器效率的绝对自身标定方法[J].物理学报,2003,52(5):1132-1136.

[32] 宋登元,王小平.APD、PMT 及其混合型高灵敏度光电探测器[J].半导体技术,2000(3):5-8,12.

[33] 白春霞.低轨道卫星移动通信系统的发展及应用[J].电信科学,1994,10(9):6.

[34] STEPHEN W. Conjugate coding[J]. ACM SIGACT News,1983,15(1):78-88.